WPS

AI智能办公

应用技巧大全（视频教学版）

柏先云 ◎ 编著

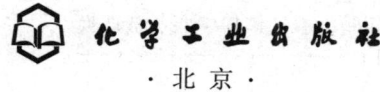

·北京·

本书是一本专为职场人士打造的智能办公指南，旨在帮助读者全面提升工作效率，掌握AI技术在办公中的应用技巧。本书内容丰富，涵盖了WPS AI的各个方面，从基础操作到高级功能，全面解析了AI在办公中的无限可能。

全书共分为8章，依次从智能启航、指令编写、文档创作、文档解读、表格处理、演示制作、智能生成到移动办公，详细介绍了WPS AI的各项功能，包括AI灵感市集、AI写作助手、AI阅读助手、AI数据助手、AI设计助手、WPS灵犀助手及AI手机助手等。通过这些功能，读者可以轻松实现文档的智能生成、数据的快速处理、演示文稿的自动化设计，以及移动办公的高效协同。

本书不仅提供了60多组AI办公生成指令、110多个实操案例、150多个素材效果，还附赠160多分钟的教学视频和180多页的PPT课件，帮助读者从理论到实践全面掌握WPS AI的应用技巧。无论是新手还是有一定基础的专业人士，都能从中获益，快速提升办公技能，打造智能化、高效率的工作环境。

本书适合需要频繁使用WPS和Office等办公软件的职场人士，如行政、人事、财务、电商、教育、法律、文案创作、自媒体运营等专业领域的从业人员，以及对AI技术在办公软件应用中感兴趣的AI爱好者。同时，本书也可作为相关培训机构和职业院校的参考教材，帮助读者在实际应用中发挥出更强的创造力。

图书在版编目(CIP)数据

WPS AI智能办公应用技巧大全：视频教学版 ／ 柏先云编著. -- 北京：化学工业出版社，2025.5. -- ISBN 978-7-122-47701-9

Ⅰ．TP317.1

中国国家版本馆CIP数据核字第2025TY3508号

责任编辑：张素芳　李　辰	封面设计：异一设计
责任校对：田睿涵	装帧设计：盟诺文化

出版发行：化学工业出版社（北京市东城区青年湖南街13号　邮政编码100011）
印　　装：河北延风印务有限公司
710mm×1000mm　1/16　印张13½　字数280千字　2025年6月北京第1版第1次印刷

购书咨询：010-64518888　　　　　　　　　售后服务：010-64518899
网　　址：http://www.cip.com.cn
凡购买本书，如有缺损质量问题，本社销售中心负责调换。

定　　价：68.00元　　　　　　　　　　　　　　　　　　　　版权所有　违者必究

前言
PREFACE

在这个数字化和智能化飞速发展的时代，人们每天都在与时间赛跑，寻求更高效、更智能的工作方式。本书正是为了满足这一需求而编写的，它不仅是一本书，更是一把开启智能办公新世界的钥匙。本书旨在帮助读者掌握WPS AI智能办公助手的强大功能，让人们的工作变得更加轻松、高效，同时激发人们的创造力。

◎ 本书特色和亮点

1. AI功能，全面覆盖

从基础的智能办公助手使用，到高级的AI指令编写，再到具体的文档创作、解读、表格处理和演示制作，本书提供了全方位的指导，确保读者能够充分利用WPS AI的每一项功能。

2. 实操为王，案例丰富

书中包含110多个实操案例，这些案例覆盖职场办公、教育教学、人资行政、法律合同、营销策划、电商运营等多个场景，全面介绍了AI帮我写、AI帮我改、AI伴写、AI排版、AI模板、AI文档问答、AI全文总结、AI帮我读、AI写公式、AI表格助手、AI生成PPT等功能，让读者在实际操作中快速掌握AI智能办公的精髓。

3. AI指令，高效办公

AI指令是智能办公的核心。本书总结了10个实用的指令编写技巧和60多个AI指令，帮助读者快速上手并高效运用AI工具。通过这些指令，读者可以轻松实现文档的自动排版、内容的智能改写、数据的快速分析等功能，让办公变得更加轻松、高效。

4.界面全览，安装指南

书中详细介绍了WPS的下载安装指南和界面全览，以及WPS AI的各个使用入口，帮助读者快速熟悉工作界面及唤起WPS AI的操作方法，让读者可以轻松使用WPS AI办公。

5.视频教学，扫码直观

为了更好地帮助读者理解和学习，本书特别配备了160多分钟的视频教程。这些视频教程以直观、生动的方式展示了WPS AI的操作流程，让读者能够边看边学，轻松掌握书中技能。

6.学习资源，即学即用

150多个素材效果和180多页PPT课件，为读者提供了丰富的学习资源，让读者在学习的同时，能够立即应用到实际工作中。

7.课后实训，巩固提升

为了巩固所学知识并提升实战能力，本书每章都配备了课后实训案例。这些案例既是对本章知识点的综合运用，又是对读者能力的进一步提升。通过完成这些实训案例，读者可以更加深入地理解和掌握WPS AI智能办公的应用技巧。

8.最新技术，跨平台兼容

随着AI技术的不断发展，本书及时更新，确保读者学到的都是最新的知识和技能。无论是PC端还是移动端，本书都能为读者提供相应的指导，让读者在任何设备上都能发挥WPS AI的最大效能。

本书不仅是学习WPS AI的工具书，更是提升办公效率、解锁智能办公新技能的伙伴。无论是职场新人还是资深人士，都能从本书中获益匪浅。让我们一起开启智能办公的新篇章，让工作变得更加简单、高效、有趣。

◎ 特别提醒

提醒1：在编写本书时，是基于当前WPS Office软件页面截取的实际操作图片，但本书从编辑到出版需要一段时间，WPS AI的功能和页面可能会有变动，请在阅读时，根据书中的思路举一反三进行学习。注意，本书使用的WPS Office版本为WPS Office 2024秋季更新（18276）32位版、WPS Office App为14.19.0.ede047a5106-cn00571版。

提醒2：在WPS中使用WPS AI进行办公时，需保持网络通畅，以免生成失败。某些AI创作功能，需要开通会员或充值才能使用，对于深度使用AI办公创作的用户，建议开通会员，这样就能使用更多的功能和得到更多的玩法体验。

提醒3：指令也称为关键词，在使用WPS AI进行创作时，需要输入指令，WPS AI才能执行与指令相关的内容，指令需清晰明了、通俗易懂，具体内容书中有所介绍，此处不再赘述。另外，即使是相同的指令，WPS AI每次生成的内容也会有差别。

提醒4：在使用本书进行学习时，读者需要注意实践操作的重要性，只有通过实践操作，才能更好地掌握WPS AI的应用技巧。

提醒5：在使用WPS AI进行创作时，需要注意版权问题，应当尊重他人的知识产权。另外，读者还需要注意安全问题，应当遵循相关法律法规和安全规范，确保作品的安全性和合法性。

◎ 资源获取

如果读者需要获取书中案例的教学视频、素材效果、课件教案或其他资源，请使用微信"扫一扫"功能按需扫描下列对应的二维码即可。

教学视频　　　　素材效果　　　　课件教案　　　　其他资源

◎ 编写人员

本书由柏先云编著，参与编写的人员还有刘华敏等人，在此表示感谢。由于编者水平有限，书中难免有疏漏之处，恳请广大读者批评、指正。

目 录
CONTENTS

第1章 智能启航篇——WPS AI概览 001

1.1 了解WPS AI智能办公助手 002
    1.1.1 演变：从传统办公到智能办公 002
    1.1.2 优势：WPS AI智能办公 002
    1.1.3 场景：WPS AI具体应用 003

1.2 软件安装与界面全览 005
    1.2.1 获取WPS AI会员体验 005
    1.2.2 下载并安装WPS Office 006
    1.2.3 WPS Office界面全览 008
    1.2.4 WPS灵犀界面全览 009
    1.2.5 WPS AI网页版页面全览 010
    1.2.6 WPS手机版界面全览 011

1.3 WPS AI使用入口 012
    1.3.1 唤起AI写作助手 012
    1.3.2 唤起AI阅读助手 015
    1.3.3 唤起AI数据助手 016
    1.3.4 唤起AI设计助手 018
    1.3.5 唤起AI灵犀助手 019
    1.3.6 唤起AI手机助手 020

本章小结 021
课后实训 022

第2章 指令编写篇——AI灵感市集 024

2.1 10个实用的指令编写技巧 025
    2.1.1 技巧1：核心目标明确法 025

  2.1.2　技巧2：启发性信息指令 ·· 026
  2.1.3　技巧3：自然语言提升理解 ··· 027
  2.1.4　技巧4：示例引导创意法 ··· 028
  2.1.5　技巧5：问题精准导向法 ··· 029
  2.1.6　技巧6：细节丰富指令法 ··· 030
  2.1.7　技巧7：指定格式输出法 ··· 031
  2.1.8　技巧8：上下文连贯逻辑法 ··· 032
  2.1.9　技巧9：肯定句激发积极回应 ··· 033
  2.1.10　技巧10：角色模拟增强代入感 ·· 034
 2.2　探索灵感市集场景指令 ··· 035
  2.2.1　职场办公：生成转正总结文案 ·· 035
  2.2.2　教育教学：生成教学课题灵感 ·· 039
  2.2.3　人资行政：生成劳动合同模板 ·· 041
  2.2.4　法律合同：生成产品采购合同 ·· 043
  2.2.5　社交媒体：生成小红书旅游攻略 ·· 045
  2.2.6　写作创作：生成知识解说文案 ·· 046
  2.2.7　营销策划：生成账号涨粉方案 ·· 048
  2.2.8　电商运营：生成商品描述文案 ·· 050
  2.2.9　生活娱乐：生成时尚穿搭建议 ·· 051
  2.2.10　办公角色：变身商务洽谈高手 ·· 053
 本章小结 ·· 055
 课后实训 ·· 056

第3章　文档创作篇——AI写作助手 ··· 057

 3.1　AI帮我写 ··· 058
  3.1.1　输入问题：获得AI回复内容 ··· 058
  3.1.2　场景提问：生成大纲和全文 ··· 059
  3.1.3　快速起草：生成面试通知 ·· 062
  3.1.4　AI续写：完善产品广告 ··· 063
 3.2　AI帮我改 ··· 065
  3.2.1　AI润色：提升文本质量 ··· 065

  3.2.2 AI扩写：丰富内容细节 ································ 066
  3.2.3 AI缩写：提炼核心内容 ································ 067
  3.2.4 AI重写：改善表达风格 ································ 068
  3.2.5 AI语病修正：识别和改正错误 ····················· 069
 3.3 其他AI功能 ··· 071
  3.3.1 AI伴写：实时协助撰写 ································ 071
  3.3.2 AI排版：美化文档结构 ································ 073
  3.3.3 AI法律助手：快速搜法与解答 ····················· 075
  3.3.4 文本生成表格：便于查看与分析 ·················· 076
  3.3.5 AI模板入口1：小红书标题脑暴 ···················· 078
  3.3.6 AI模板入口2：产品卖点脑暴 ························ 081
本章小结 ··· 084
课后实训 ··· 084

第4章 文档解读篇——AI阅读助手 ························ 086

 4.1 AI文档问答 ··· 087
  4.1.1 PDF对话问答：文章有哪些引用 ··················· 087
  4.1.2 PDF推荐问答：咨询感兴趣的问题 ················ 089
  4.1.3 文字文档问答：文章高频词有哪些 ··············· 090
 4.2 AI全文总结 ··· 092
  4.2.1 PDF全文总结：提炼核心要点 ························ 092
  4.2.2 文字文档总结：快速提炼内容 ····················· 094
  4.2.3 AI文档脑图：按结构提炼要点 ····················· 096
 4.3 AI帮我读 ·· 098
  4.3.1 AI解释：PDF中的文言文 ······························ 099
  4.3.2 AI翻译：直接划词译文 ································ 100
  4.3.3 AI总结：对段落进行摘要 ···························· 102
本章小结 ··· 104
课后实训 ··· 104

第5章 表格处理篇——AI数据助手 ··· 106

5.1 AI数据处理 ··· 107
5.1.1 AI写公式：判断订单状态 ··· 107
5.1.2 AI条件格式：标记销量前三 ··· 109

5.2 AI表格助手 ··· 111
5.2.1 AI快速建表：生成季度销售报表 ··································· 111
5.2.2 AI操作表格：你来说，AI帮你完成 ································· 113
5.2.3 AI批量生成1：提取部门信息 ······································· 115
5.2.4 AI批量生成2：将成绩进行分类 ····································· 117
5.2.5 AI批量生成3：翻译产品信息 ······································· 118

5.3 AI数据问答 ··· 121
5.3.1 数据检查：核查差旅费有无异常 ··································· 121
5.3.2 数据分析：找出综合奖金最高者 ··································· 124
5.3.3 数据图表：生成采购价格对比图 ··································· 125

本章小结 ··· 127
课后实训 ··· 128

第6章 演示制作篇——AI设计助手 ··· 129

6.1 AI生成PPT ··· 130
6.1.1 主题生成PPT：市场营销策略 ······································· 130
6.1.2 文档生成PPT：会议报告 ··· 132
6.1.3 大纲生成PPT：研究论文 ··· 133

6.2 AI帮我写幻灯片 ··· 135
6.2.1 AI生成单页/多页：市场趋势分析 ··································· 135
6.2.2 主题生成幻灯片：商业计划与融资 ································· 137
6.2.3 AI续写幻灯片：季度述职报告 ······································· 141
6.2.4 提问生成内容：数字化转型趋势 ··································· 143

6.3 AI帮我改幻灯片 ··· 145
6.3.1 AI润色：企业文化与团队建设 ······································· 146
6.3.2 AI扩写：AI在医疗行业的应用前景 ································· 148
6.3.3 AI缩写：企业财务管理与风险控制 ································· 150

本章小结 ·· 152
课后实训 ·· 152

第7章　智能生成篇——WPS灵犀助手 ·· 154

7.1　WPS灵犀的主要功能 ·· 155
7.1.1　对话：AI交互式生成 ·· 155
7.1.2　AI搜索：纵览实时资讯 ··· 156
7.1.3　读文档：AI总结要点 ·· 158
7.1.4　生成PPT：AI一键创作 ··· 160
7.1.5　长文写作：AI生成文案 ··· 162
7.1.6　网页摘要：AI解读网址 ··· 163

7.2　AI创作 ··· 164
7.2.1　学习教育：生成学生评语 ··· 164
7.2.2　职场办公：生成群发公告 ··· 165
7.2.3　人事招聘：生成职位描述 ··· 167
7.2.4　社媒营销：生成小红书文案 ·· 168
7.2.5　情商回复：高效回应领导 ··· 170

7.3　AI快捷设置 ··· 171
7.3.1　截图问答：快速新建会话 ··· 171
7.3.2　划词工具栏：快速调出选中文本 ··· 173
7.3.3　AI写作：在记事本中创作 ··· 174

本章小结 ·· 177
课后实训 ·· 177

第8章　移动办公篇——AI手机助手 ··· 179

8.1　AI帮我写 ·· 180
8.1.1　AI智能创建：生成创意广告语 ·· 180
8.1.2　AI模板：写爆款文标题 ·· 182
8.1.3　AI续写：延续文章脉络 ·· 183
8.1.4　头脑风暴：生成创意想法 ··· 184
8.1.5　灵感市集：生成会议策划 ··· 186

8.2 AI帮我改 188
8.2.1 AI润色：优化语法结构 188
8.2.2 AI扩写：增加文章深度 189
8.2.3 AI缩写：生成简洁的内容 190
8.2.4 AI文本纠错：自动检测错误 191
8.3 AI帮我读 192
8.3.1 AI解释：生成易懂的内容 192
8.3.2 AI翻译：多语言互译 193
8.3.3 AI总结：生成文章的摘要 194
8.4 AI生成PPT 195
8.4.1 输入主题生成：新媒体营销的优势 196
8.4.2 导入文档生成：数据分析与决策支持 197
8.4.3 空白大纲生成：智能家居与物联网技术 199
8.4.4 预设大纲生成：主题教育 200
本章小结 202
课后实训 202

第 1 章
智能启航篇——WPS AI 概览

> **本章要点**
>
> 在现代办公环境中,随着技术的不断进步,传统的办公方式逐渐向智能办公转变。本章将从WPS软件安装、界面全览及使用入口等方面对WPS AI进行全景式概述,帮助大家充分认识这一智能工具的潜力与优势。

1.1 了解WPS AI智能办公助手

WPS AI是金山办公与合作伙伴共同开发的人工智能（Artificial Intelligence，AI）工作助理。它能够理解自然语言并生成对应的回复，回复思路清晰，逻辑严密，推理精确。WPS AI不仅代表着技术的进步，更是工作方式的革命。通过智能化的工具，WPS AI为用户提供了更高效、更便捷的办公体验。

1.1.1 演变：从传统办公到智能办公

传统办公模式以纸质文档、手动输入和人工处理为主，这种方式不仅耗时耗力，还容易出现错误。随着数字化技术的普及，许多企业开始向电子文档、在线协作转型，但仍面临信息分散、沟通不畅等问题。智能办公的出现，标志着办公方式的重大转变。

WPS AI在这一转变中被开发出来，通过自然语言处理和机器学习技术，WPS AI能够理解用户的需求并自动生成相关内容，极大地降低了文档处理的时间成本。此外，智能办公还强调协作与共享，WPS AI的多用户实时编辑功能，使得团队成员能够在同一文档上进行协作，提升了工作效率和沟通效果，使用户不再受限于时间和地点，团队成员可以在不同的地点、不同的设备上同时访问和编辑文档。这种实时协作模式，确保了信息的即时更新，减少了版本冲突的发生，使团队的沟通更加顺畅。

WPS AI还具备智能分析功能，能够根据用户的需求和输入，提供智能化的建议和改进方案。这意味着，当用户撰写文档或处理数据时，AI可以实时分析内容的逻辑性和完整性，提出优化意见。这样的智能反馈，不仅提升了文档的质量，也为用户提供了学习和改进的机会。

1.1.2 优势：WPS AI智能办公

WPS AI可以帮助用户更高效地使用WPS Office办公软件，例如根据指令生成文案、自动修复笔误、智能排版等。当用户在创作时，WPS AI可以通过检测和分析用户的文字，快速找出可能存在的笔误和语法错误，并给出修改或优化建议。

除此之外，WPS AI还提供了表格数据分析、文档总结、文案创作及演示文稿生成等其他实用功能，可以大大提高用户的办公效率。

WPS AI的推出带来了交互方式的变革。通过AI技术，用户只需要输入文字甚至动动嘴（语音转文字），就可以让AI去帮他们执行操作。在使用过程中，它展现出了以下6大优势，如图1-1所示。

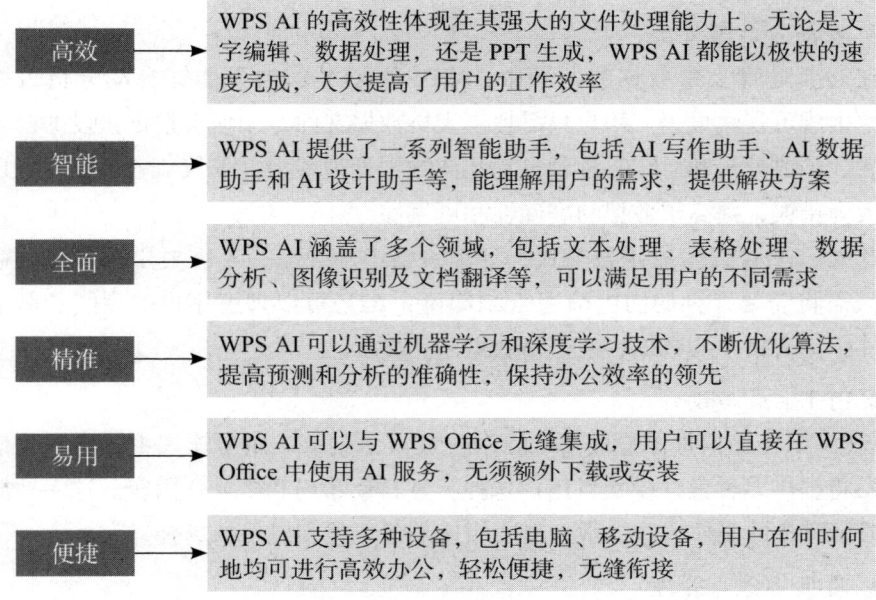

图 1-1　WPS AI 展现出的 6 大优势

综上所述，WPS AI的推出为用户带来了更加智能化、更加便捷的处理服务，大幅提升了用户的工作效率和便利性。

1.1.3　场景：WPS AI具体应用

扫码看教学视频

WPS AI智能办公的应用场景广泛，涵盖了从日常文档处理到复杂的数据分析等多个领域。这些应用不仅提高了人们的工作效率，还提升了团队的协作能力和创新能力。以下是几个具体的应用场景。

1. 文档创作与编辑

在文档创作过程中，WPS的AI写作助手能够根据用户输入的指令提供实时建议。用户可以输入主题，AI将生成初步的文档草稿，并提供结构、格式和内容方面的优化建议。这种智能辅助功能，使得用户能够更快地完成高质量的文档，特别是在需要撰写报告、合同或提案时。

2. 文档阅读与总结

在需要查阅长篇文档时，WPS的AI阅读助手能够帮助用户快速理解长篇文档的核心内容，并自动提取关键信息生成摘要，节省了手动筛选和整理的时间。这一功能在处理大量信息时尤为重要，帮助用户高效获取必要的信息。

3. 数据分析与处理

在需要处理大量数据的场景中，WPS的AI数据助手能够自动分析表格数据，并生成可视化报表。用户只需提供表格数据文件，AI便会根据预设的模板生成图表、趋势分析和总结。这种自动化的数据处理能力，不仅节省了时间，还减少了人为错误，提高了数据的准确性和可靠性。

此外，AI可以生成函数公式，计算表格中的数据，不需要用户去背函数公式，只需将需要计算的内容描述给AI即可；AI还可以理解用户的意图和需求，按条件标记表格中的数据，使表格数据高亮显示。

4. PPT生成与设计

WPS AI能够根据用户的要求自动生成演示文稿。用户输入主题和相关信息后，AI将提供多种设计模板供用户选择，并自动布局和格式化内容。这一功能简化了演示文稿的制作流程，适合需要快速准备汇报和展示的场合。

5. 团队协作与管理

WPS AI的多用户实时编辑功能使得团队成员能够在同一文档上进行协作，快速沟通和调整项目进度。这种协作方式可以确保所有成员对项目的最新动态有清晰的了解。此外，AI还可以根据项目进度和反馈，自动生成项目报告和会议纪要。

6. 智能化会议记录

在会议结束后，WPS AI可以自动生成会议纪要，并跟踪会议中决定的行动项。AI可以帮助识别关键决策和责任分配，确保会议成果得到有效执行。

7. 客户服务与支持

在客户服务领域，WPS AI可以自动生成客户服务报告，分析客户反馈，识别服务中的常见问题，并提供解决方案，这有助于提升客户满意度并优化服务流程。

8. 法律文件审查

法律专业人士可以利用WPS AI来审查合同和法律文件，AI可以快速识别合同中的关键条款和潜在风险，提高审查效率并减少人为错误。

第1章 智能启航篇——WPS AI概览

9.财务分析与报告

财务分析师可以依赖WPS AI来自动生成财务报告。AI可以快速分析财务数据，识别关键指标，并生成图表和预测，从而节省分析师的时间，让他们专注于更深层次的财务策略。

10.人力资源管理

人力资源部门可以利用WPS AI来自动化招聘流程，从简历筛选到面试问题的生成。AI还可以进行员工绩效评估，通过分析员工的工作数据，提供客观的反馈和改进建议。

通过这些场景，可以了解WPS AI如何在不同的办公环境中提供支持，帮助职场人士提高工作效率，减少重复性的工作，节省更多的时间来专注于更有创造性和战略性的任务。

1.2 软件安装与界面全览

在使用WPS AI进行智能办公之前，用户需要完成软件的安装并熟悉其界面。本节将详细介绍WPS Office的安装流程，以及各个界面的功能概览，帮助用户快速上手。

1.2.1 获取WPS AI会员体验

要想充分利用WPS AI的智能功能，用户需要注册并获取WPS AI会员。用户可以访问WPS AI官方网站，在其中注册或登录账号，对于WPS新用户，可以免费领取15天的WPS AI体验卡，如图1-2所示。

扫码看教学视频

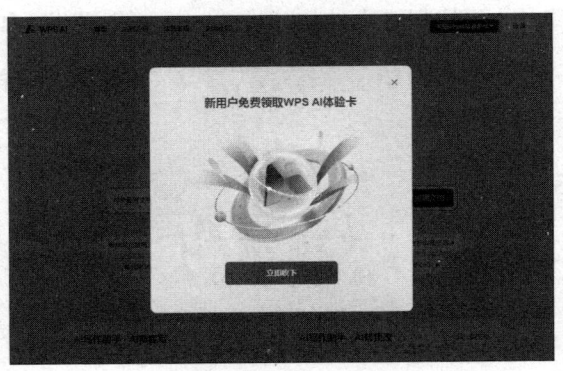

图1-2 WPS AI 官方网站

单击"立即收下"按钮,即可进入账号登录页面,如图1-3所示。用户可以使用微信扫码、QQ扫码和手机短信验证码等方式登录或注册账号,登录账号后,即可获得15天的WPS AI体验卡。

图 1-3　账号登录页面

1.2.2　下载并安装WPS Office

通过安装WPS Office电脑版,用户可以灵活地利用WPS AI、WPS灵犀等功能,并结合本地文件进行办公。下面分别介绍WPS Office电脑版和手机版的下载安装操作。

扫码看教学视频

1. 电脑版的下载与安装

当用户需要下载WPS Office电脑版时,可以进入WPS AI官方网站进行下载操作,具体方法如下。

步骤01 在WPS AI官方网站中,❶单击右上角的"下载WPS体验更多AI"下拉按钮;❷在弹出的下拉列表中选择"Windows版"选项,如图1-4所示。

图 1-4　选择"Windows 版"选项

第1章 智能启航篇——WPS AI概览

步骤02 弹出"新建下载任务"对话框,单击"下载"按钮,如图1-5所示,即可将软件安装包下载至电脑中。

图 1-5 单击"下载"按钮

步骤03 双击安装包,弹出安装界面,❶选中左下角的相应复选框;❷单击"立即安装"按钮,如图1-6所示。稍等片刻,即可完成安装,并自动打开操作界面,用户可以通过手机、微信及QQ等方式登录账号。

图 1-6 单击"立即安装"按钮

2. 手机版的下载与安装

WPS手机版全称为WPS Office,用户可以在手机应用市场App中,❶搜索WPS;❷在WPS Office选项的右侧点击"安装"按钮,如图1-7所示,即可下载安装包并自动安装。

安装后,打开WPS Office App,通过手机短信验证码或微信、QQ授权的方式登录账号即可。

扫码看教学视频

007

图1-7 点击"安装"按钮

1.2.3 WPS Office界面全览

WPS Office（简称WPS）是金山办公旗下的一款办公软件套装，它提供了包括文字处理、表格计算、演示制作等在内的多种办公功能，旨在满足用户在日常办公中的各种需求，其操作界面如图1-8所示。随着人工智能技术的发展，WPS不断融入AI元素，提升了办公效率和用户体验。

扫码看教学视频

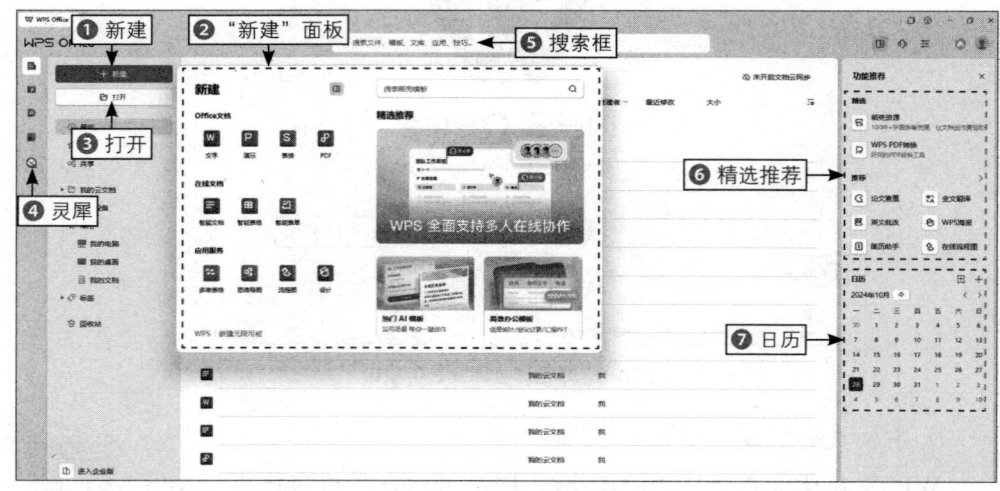

图1-8 WPS 操作界面

下面对WPS电脑版操作界面中的各主要功能进行相关讲解。

❶ 新建：单击"新建"按钮，即可弹出"新建"面板。

❷ "新建"面板：在该面板中，用户可以根据需要创建文字、演示、表格

008

及PDF等Office文档；创建智能文档、智能表格和智能表单等在线文档；应用多维表格、思维导图、流程图及设计等服务。

❸ 打开：单击该按钮，即可打开本地文件夹中的文档，WPS兼容性很强大，支持.wps、.doc、.docx、.rtf、.txt、.pdf、.xls、.xlsx、.et、.csv、.ppt、.pptx、.dps、.html、.htm、.mht、.jpg、.png等格式。

❹ 灵犀：单击"灵犀"按钮，即可打开WPS灵犀界面，使用WPS灵犀助手进行智能办公。

❺ 搜索框：在该搜索框中，用户可以输入关键词，搜索文件、模板、文库、应用及技巧等资源。

❻ 精选推荐：在该选项区中，为用户提供了精选和推荐功能，用户可以应用"稻壳资源""WPS PDF转换""论文查重""全文翻译""英文批改""WPS海报""简历助手""在线流程图"等功能，提升办公效率。

❼ 日历：在该选项区中，用户可以创建日程，添加待办事项，以提醒用户工作事项和进度，帮助用户进行日程管理和时间规划。

1.2.4　WPS灵犀界面全览

WPS灵犀是WPS推出的AI智能助手，它通过自然语言交互的方式，提供了多种常用功能，其界面如图1-9所示。

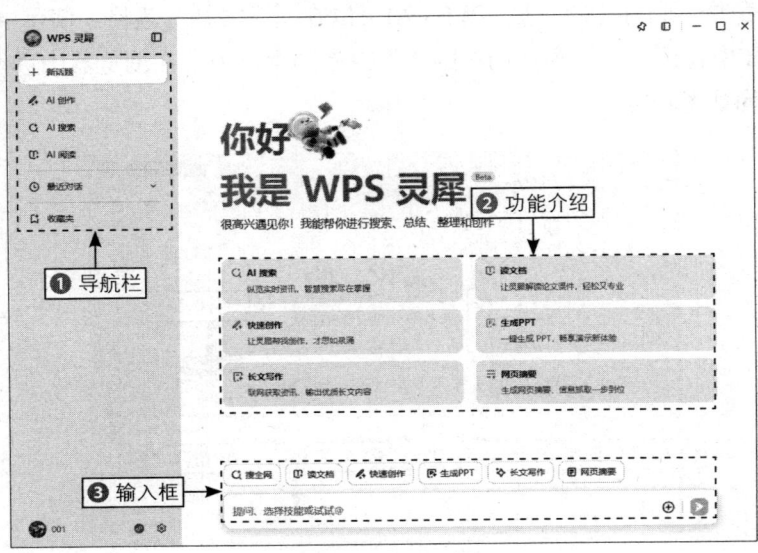

图 1-9　WPS 灵犀界面

下面对WPS灵犀界面中的各主要功能进行相关讲解。

❶ 导航栏：左侧的导航栏中提供了几个快捷功能，有助于用户与WPS灵犀进行对话、快速创作及回看历史创作记录等。例如，单击"新话题"按钮，即可新建一个会话；单击"AI创作"按钮，可以快速调用模板进行创作；单击"最近对话"按钮，即可查看历史会话记录；单击"收藏夹"按钮，即可查看收藏的会话记录。

❷ 功能介绍：在此处显示了WPS灵犀的6个主要功能。"AI搜索"功能可以帮助用户在互联网上检索实时资讯，从而获得更全面和深入的了解；"读文档"功能可以帮助用户阅读和理解文档内容；"快速创作"功能可以为用户提供高效、便捷的写作辅助服务；"生成PPT"功能可以根据用户的需求和内容自动设计和生成演示文稿；"长文写作"功能可以根据用户输入的主题、要求进行创作；"网页摘要"功能可以解析用户输入的网址，通过算法分析网页内容，提取核心段落或句子。

❸ 输入框：用户可以在输入框中输入问题或指令，按【Enter】键或单击 ▶ 按钮发送问题或指令，WPS灵犀将以对话的形式进行回复。此外，在进入对话状态后，用户可以根据需要直接单击输入框上方的AI功能进行使用。

1.2.5　WPS AI网页版页面全览

WPS AI是金山办公与合作伙伴共同开发的AI工作助理，它能够理解自然语言并生成对应的回复。WPS AI可以在文字文档、表格、演示文稿及PDF中直接使用，提高用户的工作效率和生产力。在浏览器中进入WPS AI官网，页面如图1-10所示。

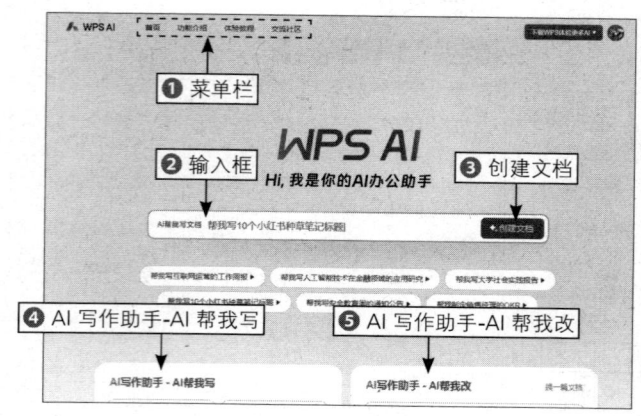

图 1-10　WPS AI 官网页面

第1章 智能启航篇——WPS AI概览

WPS AI的网页页面采用简洁明了的布局，下面对WPS AI页面中的各主要功能进行相关讲解。

❶ 菜单栏：位于页面顶部，包括"首页""功能介绍""体验教程""交流社区"4个菜单，单击相应的菜单，可以展开相应的子菜单，或打开相应的页面。单击"功能介绍"菜单，在弹出的子菜单中可以选择WPS AI的常用功能。

❷ 输入框：在输入框中可以输入关键词或描述，向WPS AI提出问题、请求帮助、发起对话或下达指令，这是用户与WPS AI进行互动的主要方式之一。

❸ 创建文档：在输入框中输入相关内容后，单击"创建文档"按钮，可以快速创建或生成用户想要的文档内容。

❹ AI写作助手-AI帮我写：这是一个强大的智能写作辅助工具，它基于人工智能技术，为用户提供了一系列便捷的写作支持功能，涵盖PPT大纲、工作周报、工作汇报、心得体会等多种类型，用户可以根据需要选择合适的模板进行编辑和使用。

❺ AI写作助手-AI帮我改：在该区域中，WPS为用户提供了一系列便捷的文本修改和优化服务，AI会智能分析文本内容，提供润色建议，使文本表达更加准确、流畅。

1.2.6 WPS手机版界面全览

WPS Office App通过其丰富的功能，可以帮助用户更方便地处理文档、演示文稿等，提升用户的办公效率和创作体验。

打开WPS Office App，即可进入"首页"界面，点击右下角的 ⊕ 按钮，弹出相应的面板，在其中通过新建相应的文件，可以使用AI功能提高办公效率，如图1-11所示。

下面对WPS Office App界面中的各主要功能进行深入讲解。

❶ 搜索框：WPS Office App中的搜索框功能非常强大且实用，它主要支持在文档内进行关键字搜索、全文检索及云文档搜索等多种操作，为用户提供了便捷的体

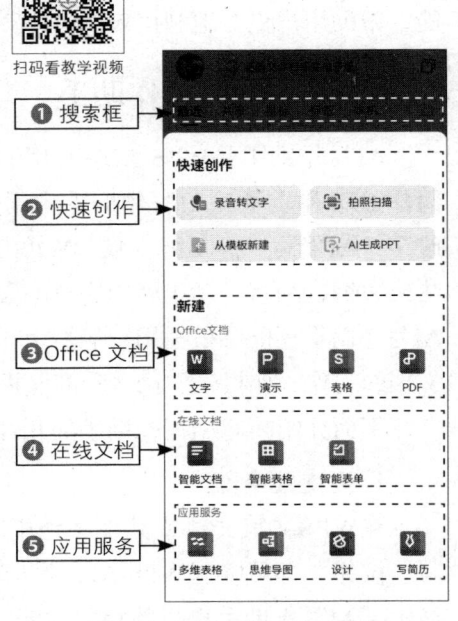

图 1-11 WPS Office App 界面

验,无论是查找文档内的关键字还是搜索云端保存的文档内容,都能轻松实现。

❷ 快速创作:WPS Office App通过整合常用工具到"快速创作"模块,使用户能够更快捷地找到并使用所需功能,包括"语音转文字""拍照扫描""从模板新建""AI生成PPT"等。

❸ Office文档:"Office文档"选项区域为用户提供了便捷高效的文档创建和编辑体验,它涵盖了文字处理、演示文稿、电子表格及PDF文档等多种类型,满足了用户在不同场景下的办公需求,用户可以根据办公需求自行选择文档的类型。

❹ 在线文档:WPS Office App中的在线文档功能极为全面,特别是智能文档、智能表格和智能表单的引入,极大地提升了用户在移动办公中的效率和体验。

❺ 应用服务:WPS Office App的应用服务功能十分丰富多样,包含"多维表格""思维导图""设计""写简历"等应用,用户可以通过这些功能实现更高效、更便捷的办公体验。

1.3 WPS AI使用入口

WPS AI的智能功能为用户提供了多种便捷的使用入口,使得用户可以根据具体需求快速访问各类助手和工具。本节将详细介绍不同的使用入口及其具体功能,帮助用户更好地利用WPS AI提升工作效率。

1.3.1 唤起AI写作助手

AI写作助手是WPS AI中常用的AI助手之一,旨在帮助用户提高写作效率和质量。AI写作助手为用户提供了"AI帮我写""AI帮我改""AI伴写"等功能。唤起WPS AI的AI写作助手后,用户可以输入初步的想法或大纲,AI将自动扩展为完整的段落,并提供语法、拼写及风格建议。此外,AI写作助手还能够根据用户的需求,推荐合适的模板,帮助用户更快地完成各类文档的写作,如报告、论文和商业提案等。

下面介绍唤起AI写作助手的几种方法。

1. 快捷键唤起

在WPS文字文档或其他文档中,连续两次按下【Ctrl】键或单击"AI帮我写"按钮,即可唤起WPS AI,弹出输入框和列表框,如图1-12所示,列表框中显示了AI写作助手提供的相关功能,例如"AI帮我写""AI帮我改"等。

第1章 智能启航篇——WPS AI概览

2. 段落柄唤起

在WPS文字文档中，❶单击页面左侧的"段落柄"按钮；❷在弹出的列表中显示了"AI帮我改"相关功能；❸选择"更多"选项，如图1-13所示。执行操作后，即可唤起WPS AI，弹出输入框和列表框。

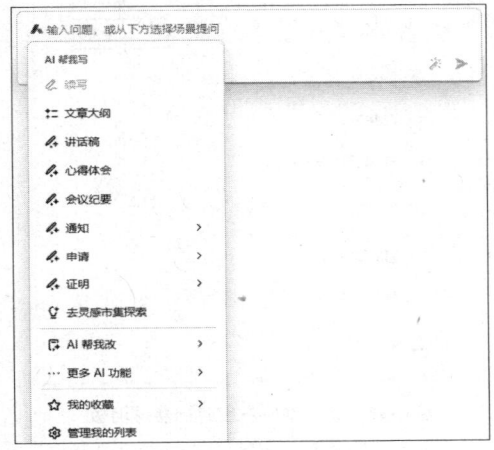

图 1-12 唤起 WPS AI 输入框和列表框

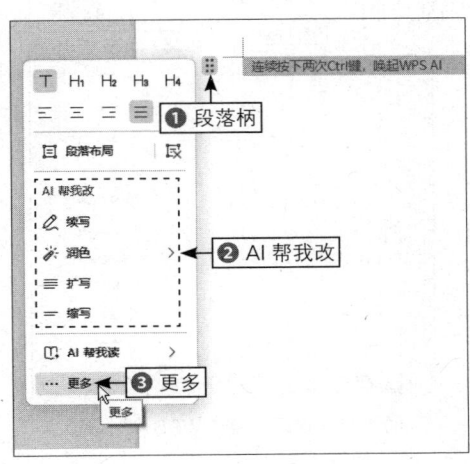

图 1-13 选择"更多"选项

3. 菜单栏唤起

在WPS文字文档的菜单栏中，单击WPS AI按钮，即可弹出列表框，如图1-14所示，其中显示了"AI写作助手""AI阅读助手""AI设计助手""AI专业助手"所提供的相关功能。

4. 悬浮面板唤起

在WPS文档中，❶选择输入的文字，即可弹出一个设置文字的悬浮面板，❷在面板中单击 按钮，可以唤起WPS AI，弹出输入框和列表框；❸单击右侧的 按钮，弹出列表框，其中显示了"AI写作助手"的几个相关功能；❹选择"唤起WPS AI"选项，可以唤起WPS AI，弹出输入框和列表框，如图1-15所示。此外，单击鼠标

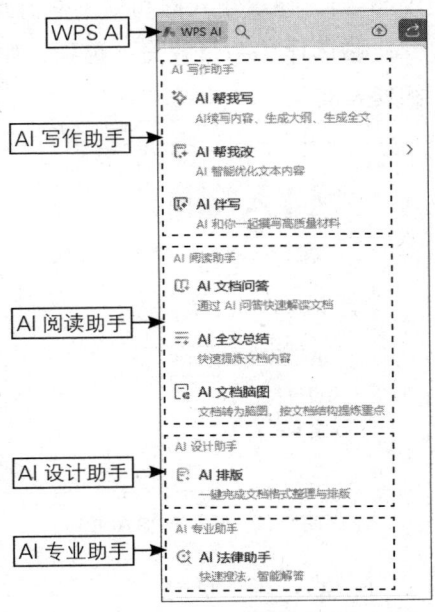

图 1-14 单击 WPS AI 按钮弹出列表框

013

右键，也会弹出悬浮面板，如图1-16所示。

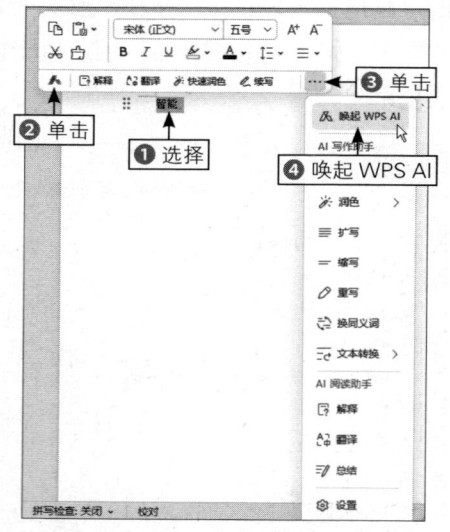 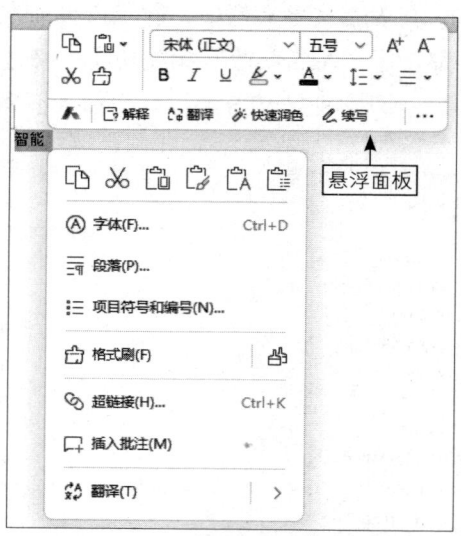

图 1-15　选择"唤起 WPS AI"选项　　　　图 1-16　单击鼠标右键弹出悬浮面板

5. 单击按钮唤起

创建一个智能文档，在其中单击WPS AI按钮，如图1-17所示，即可唤起WPS AI，弹出输入框和列表框。此外，❶单击"插入内容"按钮，弹出列表框；❷选择"AI帮我写"选项，如图1-18所示，也可唤起WPS AI，弹出输入框和列表框。

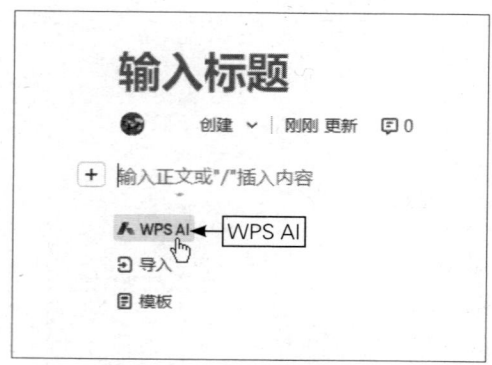 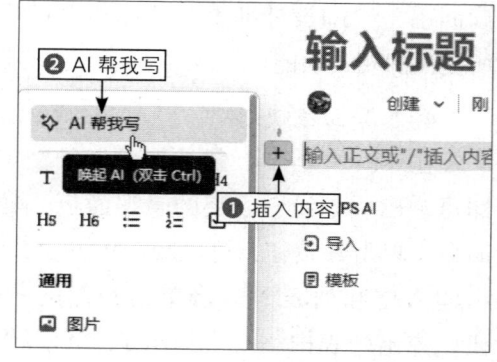

图 1-17　单击 WPS AI 按钮　　　　　　图 1-18　选择"AI 帮我写"选项

6. 输入"/"唤起

在WPS智能文档中，❶输入"/"符号；❷在弹出的下拉列表框中选择"AI

第1章 智能启航篇——WPS AI概览

帮我写"选项，如图1-19所示，即可唤起WPS AI，弹出输入框和列表框。

7. 功能区唤起

在WPS智能文档的功能区中，❶单击WPS AI按钮，可以弹出列表框，其中会显示AI写作助手的"AI帮我写"和"AI帮我改"功能；❷单击"插入"按钮；❸在弹出的下拉列表框中选择"AI帮我写"选项，如图1-20所示，也可以唤起WPS AI，弹出输入框和列表框。

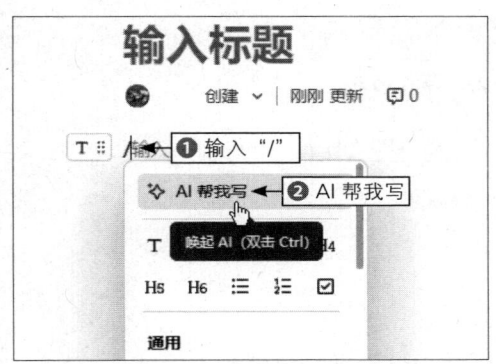

图 1-19　选择"AI 帮我写"选项（1）

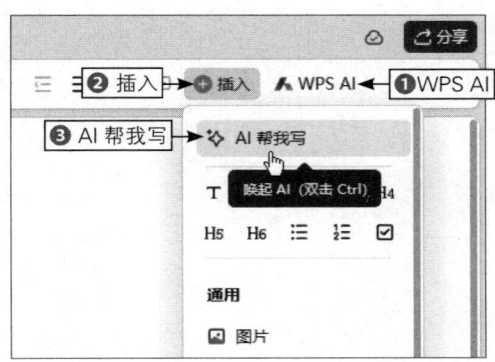

图 1-20　选择"AI 帮我写"选项（2）

1.3.2　唤起AI阅读助手

AI阅读助手具备两大主要功能，分别是"AI文档问答"和"AI全文总结"。使用"AI文档问答"功能，可以让AI快速解读文章，为用户答疑解惑；使用"AI全文总结"功能，能够快速提炼文档内容，免去阅读长文的烦恼。

扫码看教学视频

AI阅读助手共有3个使用入口，分别如下。

1. PDF文档唤起

在PDF文档的菜单栏中，❶单击WPS AI按钮，弹出列表框；❷其中显示了AI阅读助手提供的两大功能，如图1-21所示。选择相应选项，即可唤起WPS AI，弹出相应的面板，用户可以在面板中通过对话的方式向AI进行提问。

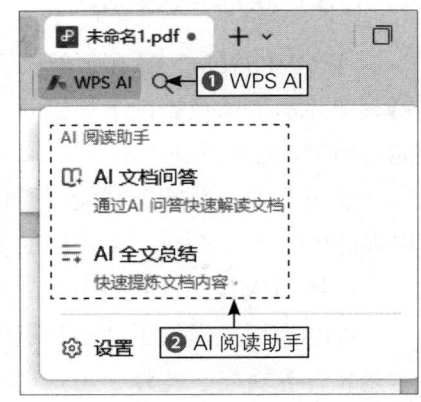

图 1-21　PDF 文档唤起

015

2. 文字文档唤起

在WPS文字文档的菜单栏中，单击WPS AI按钮，弹出列表框，其中便显示了AI阅读助手提供的相关功能（可见图1-14所示）。

3. 智能文档唤起

在WPS智能文档的菜单栏中，❶单击WPS AI按钮，弹出列表框；❷其中显示了AI阅读助手提供的两大功能，如图1-22所示。

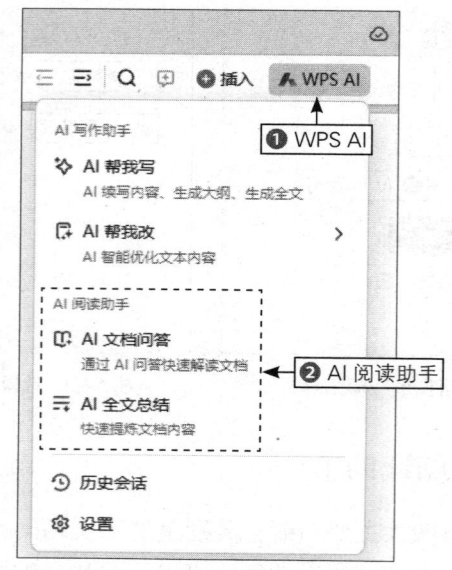

图 1-22　智能文档唤起

1.3.3　唤起AI数据助手

打开WPS表格，❶在菜单栏中单击WPS AI按钮，弹出列表框；❷其中显示了AI数据助手提供的"AI写公式"和"AI表格助手"功能，如图1-23所示。

扫码看教学视频

使用"AI写公式"功能，可以快速生成函数公式；使用"AI表格助手"可以唤起WPS AI，弹出"AI表格助手"面板，如图1-24所示。

连续两次按下【Ctrl】键，也可以弹出"AI表格助手"面板。在该面板中，WPS为用户提供了"AI数据问答""AI操作表格""AI批量生成""AI快速建表"等功能。此外，用户也可以直接在输入框中输入相关指令，指导AI进行数据处理。

第1章 智能启航篇——WPS AI概览

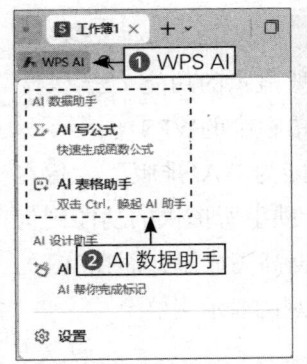

图1-23 唤起AI数据助手

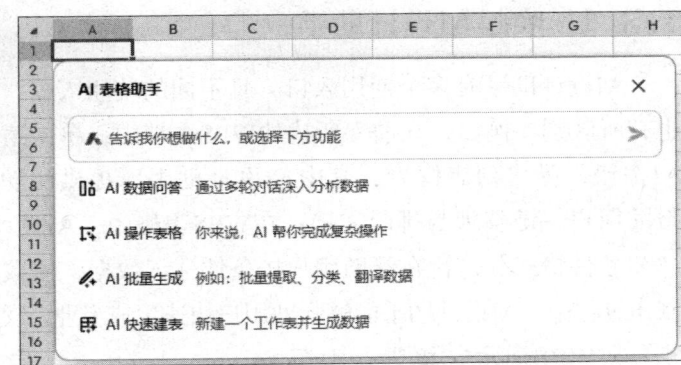

图1-24 弹出"AI表格助手"面板

除了"AI写公式"和"AI表格助手"功能，用户还可以使用"AI设计助手"提供的"AI条件格式"功能对表格数据进行标记，标记后的数据单元格将高亮显示在表格中。

❶在任意一个单元格中输入"="符号；❷将显示"AI写公式"按钮，如图1-25所示。单击该按钮，将唤起WPS AI，在弹出的输入框中输入计算指令或要求，AI将根据指令或要求编写函数公式。

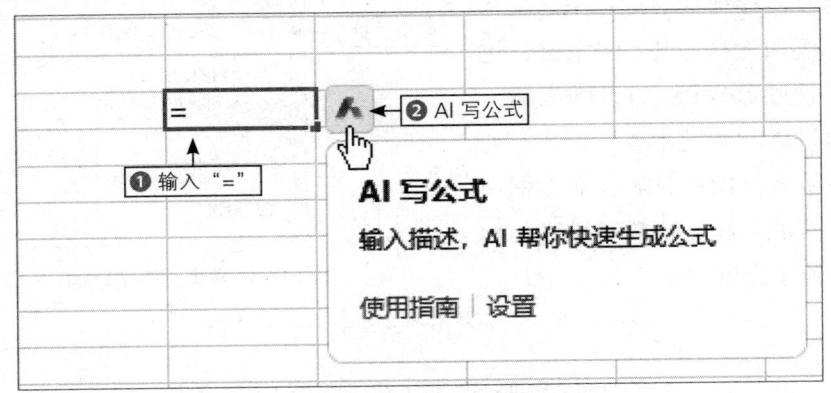

图1-25 显示"AI写公式"按钮

☆ 专家提醒 ☆

在智能表格中，AI数据助手的使用入口与WPS表格基本相同，都可以通过单击菜单栏中的WPS AI按钮唤起WPS AI。

此外，在智能表格的"数据"功能区中，单击"AI数据问答"按钮，也可以唤起WPS AI，弹出"AI数据问答"面板。

017

1.3.4 唤起AI设计助手

AI设计助手有多个使用入口，且不同的使用入口，所显示的功能也有所区别。例如，在前文所述的WPS文档中，单击菜单栏中的WPS AI按钮，弹出列表框后，其中AI设计助手所提供的功能为"AI排版"，旨在帮助用户一键整理与排版文档；在WPS表格中，AI设计助手所提供的功能则为"AI条件格式"，旨在帮助用户按条件标记数据，使数据高亮显示；而在PPT的制作过程中，AI设计助手能够帮助用户快速生成专业、美观的演示文稿。

在WPS演示文稿中，唤起AI设计助手的操作同样是单击菜单栏中的WPS AI按钮，如图1-26所示，在弹出的列表框中显示了"AI生成PPT"功能和AI设计助手提供的"AI生成单页/多页"功能，以及AI写作助手提供的"AI帮我写"和"AI帮我改"功能。

此外，❶选择幻灯片中的文本框，连续两次按下【Ctrl】键，也可以快速唤起WPS AI，弹出输入框，❷进入"主题生成"模式，如图1-27所示，用户只需在文本框中输入对应的主题、字数和风格，AI即可快速生成PPT内容。

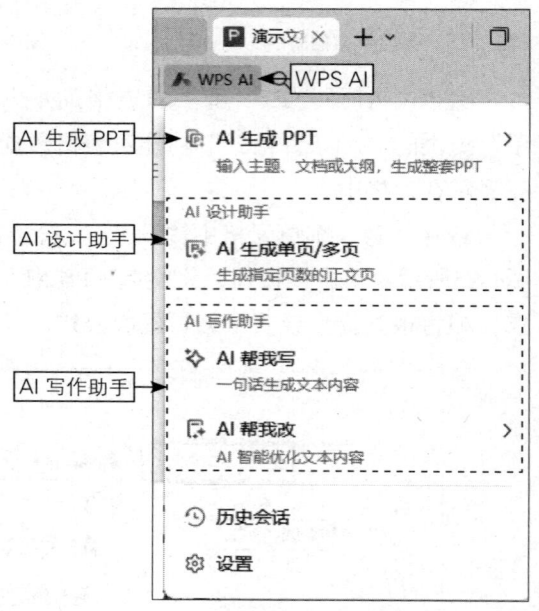

图 1-26　单击 WPS AI 按钮

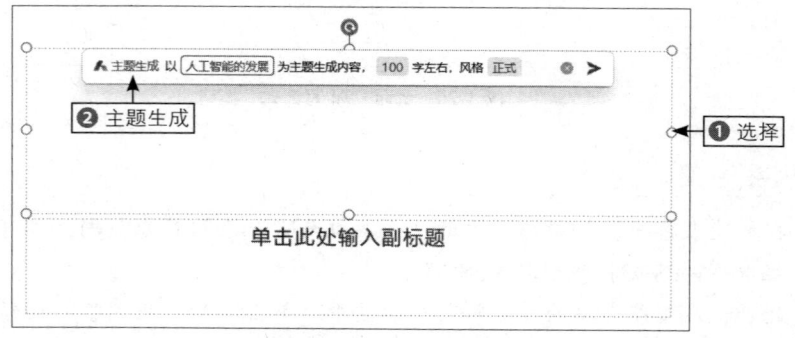

图 1-27　进入"主题生成"模式

1.3.5　唤起AI灵犀助手

扫码看教学视频

AI灵犀助手指的是WPS灵犀，WPS灵犀为AI集成化应用，能够提供个性化的办公支持，为用户提供了强大的信息处理和内容生成能力，通过先进的自然语言处理和机器学习技术，WPS灵犀能够理解用户的需求，快速生成用户需要的内容，使得用户在办公过程中更加高效和便捷。

WPS灵犀的使用入口有两个，分别如下。

1. 电脑版唤起

打开WPS Office，在首页左侧的导航栏中，单击“灵犀”按钮，如图1-28所示，即可进入“WPS灵犀”界面。

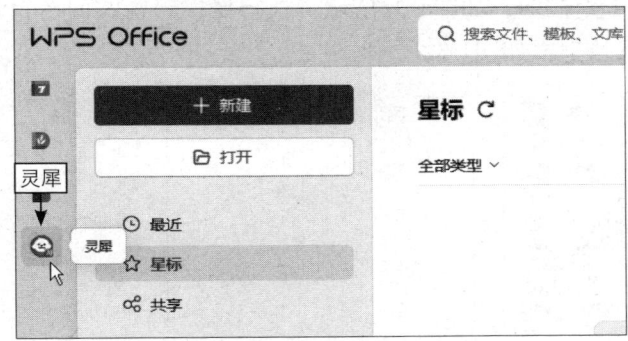

图 1-28　单击“灵犀”按钮

2. 网页版唤起

❶在浏览器中搜索WPS灵犀；❷单击“WPS灵犀”文字超链接，如图1-29所示，即可进入“WPS灵犀”页面。

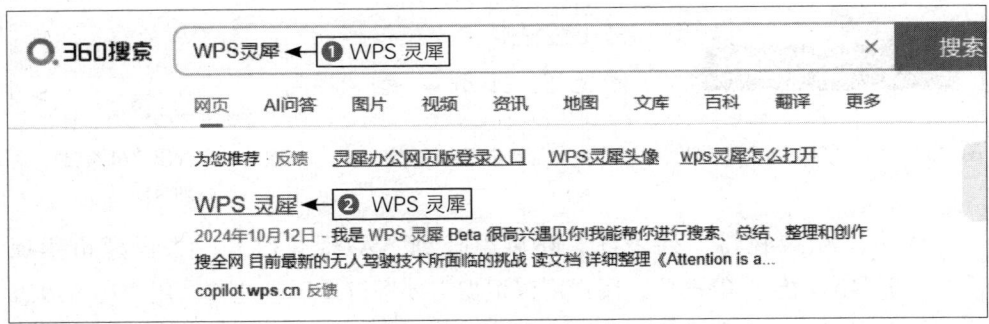

图 1-29　单击“WPS 灵犀”文字超链接

1.3.6 唤起AI手机助手

扫码看教学视频

WPS手机版同样具备强大的AI功能，特别是在WPS文字文档中，手机版的WPS AI提供了与电脑版类似的功能，包括"AI帮我写""AI帮我改""AI生成PPT"等。下面介绍唤起AI手机助手的方法。

1. 文字文档唤起

打开WPS Office App，新建文字文档，即可进入相应的界面，点击"智能创建"按钮，如图1-30所示，可以快速创建一个文字文档并唤起WPS AI，弹出"AI帮我写"列表框。

此外，在新建界面中，点击"空白文档"按钮，新建一个空白的文字文档，点击工具栏中的 A 按钮，如图1-31所示。执行操作后，即可唤起WPS AI，弹出"AI帮我写"列表框，如图1-32所示。

图1-30 点击"智能创建"按钮

图1-31 点击相应的按钮

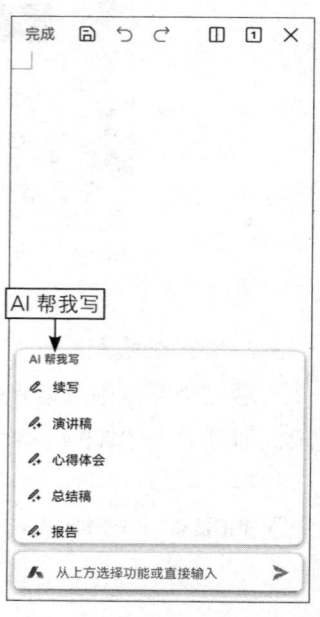
图1-32 弹出"AI帮我写"列表框

滑动"AI帮我写"列表框，还可以找到"AI帮我改""去灵感市集探索""更多AI功能"等选项，用户可以根据需要进行使用。此外，用户还可以直接在输入框中输入需求或指令，让AI直接生成内容。

2. 演示文稿唤起

除了通过文字文档唤起WPS AI，还可以新建演示文稿，在新建界面中，点击"AI生成PPT"按钮，如图1-33所示。执行操作后，即可进入"AI生成PPT"界面，如图1-34所示。用户可以通过"输入主题""导入文档""空白大纲""从预设大纲生成"等方式，让AI一键生成PPT。

图1-33 点击"AI生成PPT"按钮

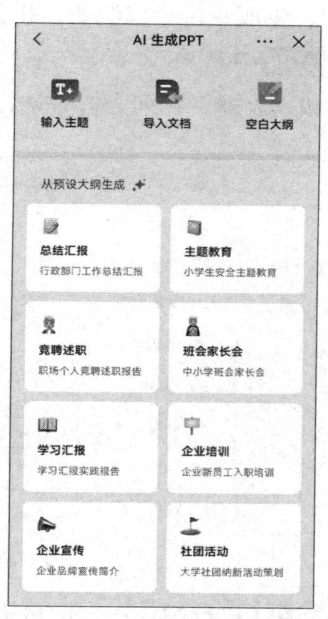

图1-34 进入"AI生成PPT"界面

本章小结

本章主要介绍了WPS AI智能办公助手的基础知识，首先介绍了WPS AI的基本概念，阐述了从传统办公到智能办公的演变过程，强调了这一转变带来的诸多优势，详细探讨了WPS AI的具体应用场景；然后介绍了WPS软件安装与界面全览，展示了WPS各类界面的功能特点；最后介绍了WPS AI的多个使用入口，包括唤起不同的智能助手，为用户提供便捷的操作方式，帮助其在日常工作中充分发挥WPS AI的智能优势。

通过对本章的学习，大家能够全面了解WPS AI的功能和应用，为后续深入学习打下坚实的基础。

课后实训

扫码看教学视频

鉴于本章知识的重要性，为了帮助读者更好地掌握所学知识，本节将通过课后实训，帮助读者进行简单的知识回顾和补充。

实训任务：打开WPS文字文档，通过连续两次按下【Ctrl】键的方式，唤起WPS AI，生成一份会议纪要，相关操作如下。

步骤01 在WPS文字文档中，连续两次按下【Ctrl】键，唤起WPS AI，弹出输入框和列表框，在列表框中选择"会议纪要"选项，如图1-35所示。

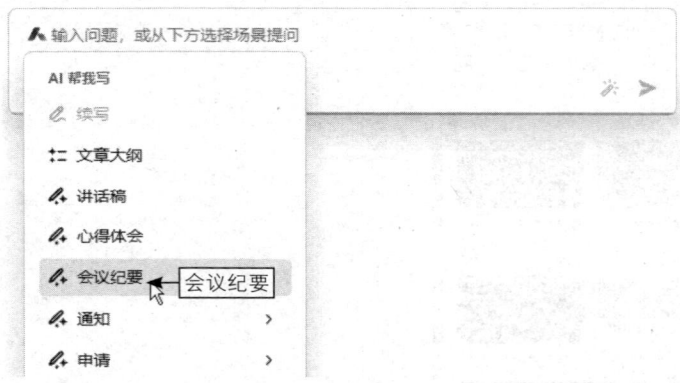

图1-35 选择"会议纪要"选项

步骤02 执行操作后，即可进入"会议纪要"模式，并自动在输入框中填入指令模板，如图1-36所示。

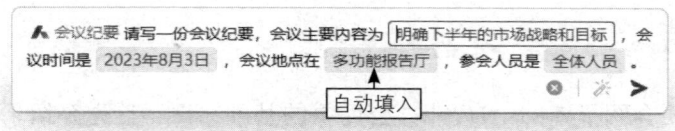

图1-36 自动填入指令模板

步骤03 根据需要修改指令文本框中的内容，单击发送按钮➤，发送指令。稍等片刻即可获得AI生成的会议纪要，相关指令及回复内容如下。

提问

请写一份会议纪要，会议主要内容为[明确下半年的市场营销计划和目标]，会议时间是[2025年7月1日]，会议地点在[公司3楼的会议室]，参会人员是[部长级以上人员]。

022

WPS AI

会议纪要

会议名称：下半年市场营销计划会议

会议时间：2025年7月1日

会议地点：公司3楼会议室

主持人：张三

参会人员：部长级以上人员

会议主要内容

☐市场分析：分析了当前的市场趋势和竞争对手的动态。

☐目标设定：确立了下半年的销售目标和市场占有率提升目标。

☐策略规划：讨论并确定了营销策略，包括产品推广、广告投放和促销活动。

☐预算分配：根据营销计划，详细规划了预算的分配和使用。

☐团队协作：强调了跨部门协作的重要性，确保营销计划的顺利实施。

会议决定

☐批准了下半年的市场营销计划。

☐决定成立专项工作小组，负责监督和执行营销计划。

☐确定了定期评估机制，以监控营销活动的效果。

任务计划

☐第一季：完成市场调研报告，制定初步营销策略。

☐第二季：启动产品推广活动，开始广告投放。

☐第三季度：评估营销活动效果，调整策略。

☐第四季度：总结全年营销成果，准备下一年度计划。

☆ 专家提醒 ☆

因为篇幅原因，本书AI回复的内容只展示要点，详细的回复文案，请看随书提供的效果文件。

第 2 章
指令编写篇——AI 灵感市集

> **本章要点**
>
> 在快速发展的人工智能时代,要让AI生成令人满意的内容,编写指令的技巧至关重要。本章将详细探讨10个实用的指令编写技巧,旨在帮助用户更有效地与AI进行互动,从而激发创意并提升工作效率。此外,还将带领大家在WPS的灵感市集中,探索不同场景下指令模板的应用,以进一步增强学习效果。

2.1　10个实用的指令编写技巧

为了提高指令的有效性和准确性，掌握一些实用的指令编写技巧是非常有必要的。本节将介绍10个可以帮助用户优化指令的方法，以帮助用户更好地与AI互动，让AI能够更好地理解用户的指令，提供更加个性化和精准的服务。

2.1.1　技巧1：核心目标明确法

用户在输入指令之前，首先要明确指令的核心目标与意图，即清晰地表达希望AI完成的任务或达成的结果，有助于避免误解。例如，"生成一篇关于可持续发展的文章"比"写一篇文章"要明确得多。想要让WPS AI生成一篇关于某个主题的文章，就要明确文章的主题、字数、写作风格等要求，案例指令及回复内容如下。

> **提问**
>
> 以"人工智能在农业领域中的创新应用"为主题，撰写一篇科普文章。要求：不超过500字，写作风格应结合专业知识与生动案例，使内容既易于理解又引人入胜。

> **WPS AI**
>
> 智能绿海：人工智能在农业领域的革命性应用
>
> 在人类历史的长河中，农业一直是文明的基石。然而，随着人口的激增和资源的日益紧张，传统农业正面临前所未有的挑战。幸运的是，人工智能（AI）的崛起为农业带来了创新的曙光，它正在引领一场绿色革命。
>
> 首先，AI在精准农业中扮演着重要角色。通过无人机搭载的传感器和卫星图像，AI可以实时监测作物的生长状况，识别病虫害，甚至预测天气变化对农作物的影响。例如，美国的一家初创公司正在使用AI分析无人机拍摄的农田照片，以帮助农民精确施肥和灌溉，从而提高作物产量并减少资源浪费。
>
> 其次，AI在智能温室中的应用也颇具革命性。智能温室利用传感器收集温度、湿度、光照等数据，并通过AI算法进行分析，自动调节温室内的环境，以创造最适宜作物生长的条件。荷兰的一家智能温室公司通过AI控制的LED灯和水培系统，成功实现了全年无休的番茄生产，产量比传统农业高出数倍。
>
> 此外，AI还在农业机器人领域大放异彩。机器人可以进行播种、除草、收割等农活，不仅提高了效率，还减少了对人力的依赖。澳大利亚的一家农业机器人公司开发的机器人可以在葡萄园中自动导航，精确地识别并采摘成熟的葡萄串，大大提高了葡萄采摘的效

率和质量。

最后，AI在农业供应链管理中的应用也不容忽视。通过大数据分析，AI可以帮助人们预测市场需求，优化农产品的存储和运输，减少食品浪费。例如，一家美国的食品科技公司利用AI分析历史销售数据和市场趋势，帮助农场主和零售商更准确地预测需求，从而减少过剩和缺货的情况。

综上所述，人工智能正在以多种方式革新农业领域，从精准种植到智能管理，它不仅提高了农业生产的效率和可持续性，还为全球食品安全和农业可持续发展提供了新的解决方案。随着AI技术的不断进步，未来的农业将更加智能、高效和环保，我们期待着这场智能绿海革命的到来。

指令编写技巧：通过提供清晰的指令，可以确保AI生成用户所需的高质量内容，减少错误和偏差。当然，要做到这一点，需要注意指令的准确性和详细性，目标应该清晰明确，涵盖我们所希望生成的内容的主题和要点。

2.1.2 技巧2：启发性信息指令

在设计指令内容时，要追求质量而非数量，尽可能提供详细、准确、具有启发性的信息，以激发AI的创造力。同时，还要避免提供过多的限制性信息，给AI留下一定的自由发挥空间，案例指令及回复内容如下。

提问

设计一段关于环保技术的创意宣传文案，要求详细阐述技术优势，并留出空间让AI自由发挥，提出至少3个创新应用场景。

WPS AI

绿色革命，从今天开始——未来环保技术，让地球重焕生机！
正文：
在这个资源日益紧张、环境问题日益严峻的时代，我们急需一场绿色革命。今天，我们自豪地向您介绍我们的最新环保技术——"绿意盎然"系统，它将彻底改变我们与环境的互动方式。
"绿意盎然"系统采用尖端的生物降解技术和智能监测平台，将环保与科技完美结合。我们的技术优势如下：
1.高效降解：采用先进的生物酶技术，能快速分解塑料、油污等难以降解的物质，将它们转化为无害的水和二氧化碳，效率比传统方法高出数倍。

2.智能监控：搭载AI智能分析系统，实时监测环境质量，预测污染趋势，并自动调整处理方案，确保环保措施的精准和高效。
3.可持续能源：系统运行所需的能源来自可再生能源，如太阳能和风能，确保整个处理过程的碳足迹最小化。
现在，让我们发挥创意，设想"绿意盎然"技术的3个创新应用场景。
1.城市清洁机器人：在城市中部署配备"绿意盎然"系统的清洁机器人，它们可以自主巡逻，收集并处理城市垃圾，同时监测空气质量，确保城市环境的持续清洁与健康。
2.农业废物循环利用：在农田中安装"绿意盎然"系统，将农作物的残余物和有机废物转化为肥料，不仅可以减少环境污染，还能提高土壤肥力，实现农业的可持续发展。
3.海洋塑料回收船：设计配备"绿意盎然"系统的海洋回收船，它们可以在全球各大海域进行塑料垃圾的收集和处理，同时利用太阳能和风能，实现零排放的海上环保行动。
"绿意盎然"系统的出现不仅带来了一场技术革命，更带来了一场环保理念的革新。加入我们，一起为地球的未来贡献力量！
#绿色革命#环保技术#未来生活#地球守护者

指令编写技巧：提供足够的背景信息和要求（详细阐述技术优势），鼓励AI产生有深度的创意。通过"让AI自由发挥"来避免限制性信息，从而激发AI的创造力，促使其提出新颖的应用场景。最后，要求至少提供3个创新应用场景，使指令更具针对性和可操作性。

2.1.3 技巧3：自然语言提升理解

自然语言是指人类日常使用的语言，包括口语和书面语。与计算机语言不同，自然语言是人类用来表述问题或需求的方式，几乎所有人都能轻松理解；而计算机语言则是人们为了与计算机进行交互而设计的特定语言，一般人是无法理解的。

在与AI对话的过程中，用户要尽量使用自然语言来编写指令，避免使用过于复杂或专业的语言，可以让AI更好地理解用户的需求，并生成自然、流畅的回答，案例指令及回复内容如下。

提问

请帮我写10条有吸引力的商品标题文案，商品为[小黑条口红]。

WPS AI

1.小黑条口红：一抹倾城，持久显色的秘密武器
2.时尚小黑条，唇间绽放的优雅魅力
3.小黑条口红：经典黑管，奢华色彩随心绽放
4.不凡小黑条，唇上一抹尽显高贵气质
5.小黑条口红：持久锁色，让你的美丽不褪色
6.专为女神打造，小黑条口红，美艳动人
7.小黑条口红：轻盈质地，一抹即刻拥有完美唇色
8.每个女人都该拥有的小黑条口红，时尚必备单品
9.小黑条口红：独特配方，让双唇时刻保持水润光泽
10.小黑条口红：优雅黑管，一抹展现你的个性风采

指令编写技巧：这个指令通过自然语言的方式，呈现出了明确的任务指示、具体的商品限定、开放的创意激发、简洁的结构设计，以及良好的适应性和灵活性，有效地提高了AI对任务的理解力，从而提高了生成内容的质量和效率。用户输入的指令内容可以简洁明了，避免使用过多的词汇或语句，过多的修饰反而会让AI抓不住重点，从而影响它生成的内容质量。

2.1.4 技巧4：示例引导创意法

用户在指令中可以给AI提供一些示例和引导，从而激发AI的创意。例如，用户可以提供相关的话题、关键词或短语，或者描述一个场景、故事，以便AI能够准确捕捉意图并生成符合要求的内容，案例指令及回复内容如下。

提问

请生成一段关于[城市绿化]的创意文章，关键词包括[垂直花园、社区参与、可持续发展]，并描述一个成功的城市绿化项目，激励其他城市效仿。

WPS AI

在现代都市的喧嚣中，一抹绿色如同清新的呼吸，为城市注入了生机与活力。垂直花园，作为城市绿化的新趋势，不仅美化了城市景观，还为可持续发展提供了新的思路。社区参与，则是这一进程中的关键因素，它让绿化项目更加贴近居民，增强了项目的可

持续性和实效性。

让我们以"绿意之城"项目为例，探索一个成功的城市绿化案例。该项目位于一座繁忙的都市中心，旨在通过垂直花园的建设，改善城市生态环境，提升居民的生活质量。项目的核心理念是将自然融入城市，通过创新的垂直绿化技术，将建筑物的外墙转变为生机勃勃的绿色空间。

首先，项目团队与社区居民紧密合作，确保绿化方案符合居民的需求和期望。通过一系列的社区活动和工作坊，居民们参与了设计和规划过程，这不仅提高了项目的透明度和信任度，还激发了居民对项目的归属感和责任感。

接下来项目团队采用了先进的垂直花园技术，包括自动灌溉系统和耐候植物，确保植物能在各种气候条件下茁壮成长。这些垂直花园不仅为城市提供了额外的绿色空间，还具有改善空气质量、降低城市热岛效应和减少噪声污染等多重功能。

此外，项目还注重教育和宣传，通过定期的环保活动和工作坊，提高居民对可持续发展的认识。社区学校和儿童参与了种植和维护活动，从小培养他们对环境保护的意识和责任感。

"绿意之城"项目的成功，不仅在于它显著改善了城市的生态环境，更在于它建立了一个可持续发展的模式，将社区参与和垂直花园完美结合。其他城市可以借鉴这一模式，通过创新的绿化项目，让城市变得更加宜居，同时促进人与自然的和谐共处。让我们共同努力，让绿色成为城市最亮丽的风景线。

指令编写技巧：在编写此指令时，应提供明确的示例、关键词或场景描述，以便AI准确理解意图并生成创意内容。通过具体的引导，激发AI的创造性输出。用户可以参考指令结构进行编写：请根据以下示例或关键词生成创意内容，示例或关键词包括[话题/关键词/短语]，也可以根据以下场景或故事进行创作[场景或故事描述]，内容应符合这些引导，并展现出创造性。

2.1.5 技巧5：问题精准导向法

用户可以采用问题的形式，提出希望AI回答或讨论的内容，例如"什么是新媒体运营及其应用领域"。注意，问题要明确具体，不要太宽泛，避免像"告诉我关于新媒体运营的全部内容"这样过于开放式的问题。另外，用户还可以使用"如何""为什么""什么"等提问词来构建指令，案例指令及回复内容如下。

> 提问
>
> 什么是"智能家居技术"？它如何改善人们的生活质量？请提供两个实际应用示例进行说明。

WPS AI

智能家居技术是指通过互联网、人工智能、物联网等技术，将家庭中的各种设备连接起来，实现自动化和智能化控制的技术。它可以通过远程控制、语音控制、场景自动化等方式，提高家庭生活的便利性、安全性和舒适性。

1.智能照明系统：通过智能灯泡或智能开关，用户可以远程控制家中的灯光，设定不同的场景模式，如回家模式、离家模式、睡眠模式等。此外，智能照明系统还可以根据自然光线的变化自动调节室内光线强度，既方便又节能。

2.智能安防系统：包括智能门锁、摄像头、报警器等设备，用户可以通过手机应用实时监控家中的安全状况。智能门锁支持指纹、密码、远程授权等多种开锁方式，摄像头具备移动侦测和夜视功能，报警器则能在检测到异常情况时立即通知用户，大大提高了家庭的安全性。

指令编写技巧：通过使用"什么"和"如何"这样明确的问题词，聚焦具体方面，确保指令具有针对性，以引导AI生成详细且深入的分析内容。

2.1.6 技巧6：细节丰富指令法

详尽的指令会促使AI生成更全面和具体的内容。用户在指令中提供具体、详细的细节和信息，可以帮助AI更全面地理解任务要求，从而生成更准确、具体的回复，案例指令及回复内容如下。

提问

为公司的年度晚会制订一个策划方案，包括主题、时间、预算、场地选择等细节。

WPS AI

年度晚会策划方案
主题
"辉煌十年：携手共创未来"
时间
2024年12月15日 18:00—23:00
预算
总预算：¥150 000
1.场地租赁：¥30 000

2.餐饮服务：¥40 000

3.舞台布置与灯光音响：¥25 000

4.活动策划与执行：¥15 000

5.嘉宾邀请与礼品：¥10 000

6.员工交通与住宿（外地员工）：¥10 000

7.宣传与印刷：¥5 000

8.应急备用金：¥15 000

场地选择

1.场地名称：皇家宴会厅

2.地址：市中心豪华地段，交通便利

3.容量：可容纳300人

4.特色：高端大气，设施齐全，提供专业音响和灯光设备

活动流程

……

通过以上策划方案，公司年度晚会将是一个成功的庆祝活动，增强员工凝聚力，展示公司10年来的辉煌成就。

指令编写技巧：通过明确列出策划方案的各个要素（如主题、时间、预算和场地选择），用户为AI提供了清晰的框架和方向。这种细节丰富的指令有助于AI生成更具针对性和实用性的内容，避免模糊和广泛的回复。此外，明确的要求可以减少反复修订的需要，提高工作效率，使最终输出更符合用户期望。通过细致的指令，用户能够引导AI深入探索特定主题，产生创新和实用的方案。

2.1.7　技巧7：指定格式输出法

用户可以明确指定AI输出的格式要求，例如以列表形式回复、限定字数长度等，以便得到更精准的回复，案例指令及回复内容如下。

提问

请列出10个关于AI摄影的文章标题，要求标题包含数字并用问句格式生成，例如：如何用AI生图？1分钟教会你！

WPS AI

1.你准备好用AI摄影了吗？3个理由告诉你为什么应该尝试！

2. AI摄影：如何用3个简单技巧拍出完美人像？
3. 5个步骤，教你如何用AI优化你的摄影技巧！
4. AI摄影新手指南：如何在5分钟内拍出专业级照片？
5. 7个AI摄影工具：如何让你的照片瞬间提升一个档次？
6. AI摄影：如何用10种不同风格拍摄你的第一张作品？
7. 你了解AI摄影的这些秘密吗？5个问题帮你快速入门！
8. 10个AI摄影技巧：如何让你的照片更生动？
9. AI摄影趋势：未来照片的样子？5个预测告诉你！
10. AI摄影：如何用4个步骤将你的风景照片变成艺术品？

指令编写技巧：这个指令展现了高度的条理性和规范性。首先，通过"10个关于AI摄影的文章标题"的指令，明确了内容的范围和数量要求。其次，要求AI采用"数字+问句"的形式生成标题，进一步强化了标题的结构统一性，使标题符合预设的格式要求。此外，这种明确的格式指令有助于提高生成内容的可读性和规范性，使AI能够按照预期风格和形式呈现符合标准的输出。

2.1.8 技巧8：上下文连贯逻辑法

用户可以在指令中提供足够的上下文信息，以便AI能够理解用户的意图，并生成准确且具有一致性和逻辑性的内容，案例指令及回复内容如下。

提问

请帮我撰写一篇小红书笔记文案，需要包含以下信息。
标题：厨房里的智能助手。
开头：今天终于入手了一款智能料理机，感觉我的烹饪水平瞬间飞跃！
高潮：使用后，不仅能精准控制温度、时间，还能推荐菜谱，做菜效果超惊艳！
要求：语言轻松幽默、感情真挚，字数控制在300字左右。

WPS AI

标题：厨房里的智能助手
开头：今天终于入手了一款智能料理机，感觉我的烹饪水平瞬间飞跃！以前的我，面对厨房总是手忙脚乱，不是火候不对，就是调料放多，每次做菜都像是一场赌博。但今天，我有了一个厨房里的超级英雄——我的智能料理机！

高潮：使用后，不仅能精准地控制温度、时间，还能推荐菜谱，做菜效果超惊艳！这台料理机简直是个烹饪天才，它能根据我选择的菜谱自动调节火候和时间，我只需按照它的指示一步步来，就能做出美味佳肴。而且，它还能根据我的口味偏好推荐菜谱，让我每天都有新发现。我尝试了几个推荐的菜谱，每一道都让家人赞不绝口，连我自己都惊讶于自己厨艺的进步。

结尾：有了这个厨房里的智能助手，我再也不怕下厨了。它不仅让烹饪变得简单，还让每一餐都充满了乐趣和惊喜。如果你也想提升自己的烹饪技能，不妨也来试试这款神奇的智能料理机吧！#智能生活##厨房新助手#

指令编写技巧：在编写此指令时，需要提供足够的上下文信息，如标题、开头和高潮部分，确保结构清晰。同时，指令应包括风格和情感的指引（如"轻松幽默、感情真挚"），以及字数限制，确保 AI 输出的内容符合预期的格式和风格要求。

2.1.9 技巧9：肯定句激发积极回应

在指令中使用肯定句，可以最大限度地激发AI积极回应，提高指令的有效性，从而让AI生成更符合要求的结果，案例指令及回复内容如下。

提问

你是一个专业的健身教练，对各项健身运动项目都非常了解，请根据我的需求为我推荐几项健身运动项目。
我的需求：轻松、有趣、不会损伤身体的运动项目，室内、室外的项目都可以。

WPS AI

根据您的需求——轻松、有趣且不会损伤身体的运动项目，以下是一些建议。
室内项目
1. 瑜伽：有助于提高柔韧性和平衡感，同时对精神放松也有好处。
2. 普拉提：增强核心肌群，改善身体姿态，动作温和，对关节友好。
3. 踏板操：在音乐节奏中进行有氧运动，可以调节运动强度，适合各种体能水平。
室外项目
1. 快走：简单易行，对关节冲击小，可以欣赏户外风景。
2. 骑自行车：一项低冲击的有氧运动，可以探索新的路线，增加乐趣。
3. 水中有氧运动：在水中进行，对关节的压力小，适合所有年龄层。
选择适合自己的运动项目，保持适度的运动量，享受运动带来的乐趣。

指令编写技巧：这条指令通过肯定句开头"你是一个专业的健身教练"，明确了AI的角色，增强了回应的积极性。具体描述需求"轻松、有趣、不会损伤身体的运动项目"让指令更具针对性，同时"室内、室外的项目都可以"给予了创作灵活性。此外，使用"为我推荐几项"引导AI生成具体建议，提升了指令的有效性。

2.1.10 技巧10：角色模拟增强代入感

用户可以假设一个角色身份并提出问题，这样可以为AI提供更明确的情境。需要注意的是，角色设置要具体和明确，如学生、医生和客户等，避免过于泛泛的角色设置。同时，背景情境要尽量描述充分，帮助AI更好地理解该角色的视角。

另外，角色的请求要尽量用第一人称表达，增加代入感和逼真度，案例指令及回复内容如下。

提问

作为一名忙碌的职场人士，我希望学习如何在日常生活中保持健康的饮食习惯。请从我的视角出发，分享一些营养餐建议和饮食技巧。

WPS AI

作为一名忙碌的职场人士，保持健康的饮食习惯对维持精力和工作效率至关重要。以下是一些简单易行的营养餐建议和饮食技巧。

一、提前准备食物

1.周末批量准备：利用周末时间准备一周的食材，如煮好一周所需的米饭或蔬菜，切好水果等。

2.便当盒：将准备好的食物装入便当盒，带到办公室，这样可以避免外出就餐时选择不健康的食物。

二、选择健康零食

1.坚果和干果：一小把坚果或干果可以提供健康的脂肪和纤维。

2.酸奶和水果：低脂酸奶搭配新鲜水果，既美味又营养。

3.蔬菜条：胡萝卜、黄瓜等蔬菜条搭配低脂蘸酱。

三、健康饮食习惯

1.多喝水：保持充足的水分摄入，可以提高新陈代谢，减少疲劳感。

> 2.定时定量：尽量每天定时吃饭，避免暴饮暴食。
> 3.细嚼慢咽：吃饭时细嚼慢咽，有助于消化和控制食量。
> 四、合理搭配饮食
> 1.蛋白质：每天摄入适量的蛋白质，如鱼、鸡胸肉、豆制品等。
> 2.复合碳水化合物：选择全谷物、糙米等复合碳水化合物，提供持久能量。
> 3.蔬菜和水果：每天至少5份不同种类的蔬菜和水果，保证维生素和矿物质的摄入。
> 五、外出就餐选择
> 1.健康餐厅：选择提供健康餐点的餐厅，如沙拉吧、有机餐厅等。
> 2.合理点餐：点餐时尽量选择蒸、煮、烤等烹饪方式，避免油炸食品。
> 3.控制分量：如果外出就餐，可以将一部分食物打包带走，避免一次性摄入过多。
> 六、利用科技辅助
> 1.饮食App：使用饮食追踪App记录每日饮食，帮助你更好地了解自己的饮食习惯。
> 2.在线食谱：利用网络资源寻找健康食谱，尝试自己动手做健康餐。
> 通过这些简单易行的营养餐建议和饮食技巧，即使在忙碌的工作中，也能保持健康的饮食习惯，为自己的身体和精神提供充足的能量。

指令编写技巧：通过"作为一名忙碌的职场人士"清晰地设定了角色和背景，使AI能够准确理解用户的背景和需求。使用第一人称"我希望学习如何……"增强代入感，增加个人色彩。具体需求"保持健康的饮食习惯"指向明确，便于AI生成相关建议。同时，提及角色的忙碌状态，有助于AI理解实际情况，提供切合实际的建议，从而提高内容的相关性和实用性。

2.2 探索灵感市集场景指令

在WPS中，AI为用户提供了灵感市集指令模板，包含多个不同的场景，例如职场办公、教育教学、人资行政、法律合同、社交媒体、写作创作及生活娱乐等。当用户没有创作灵感，或者不知道如何编写指令时，可以在灵感市集使用这些指令模板，这些模板不仅为用户提供了便利，还能帮助用户在工作过程中提升效率。本节将带领大家共同探索灵感市集场景指令，为创作注入新的灵感。

2.2.1 职场办公：生成转正总结文案

使用灵感市集中的职场办公场景指令，WPS AI可以轻松生成各类文档，比如转正总结、会议纪要和项目计划书等，帮助用户提升职场办公文案创作的质量与效率。下面以生成转正总结文案为例，介绍具体的操作方法。

步骤01 打开WPS Office，❶单击"新建"按钮；❷在弹出的"新建"面板中单击"文字"按钮，如图2-1所示。

步骤02 进入"新建文档"界面，单击"空白文档"缩略图，如图2-2所示。

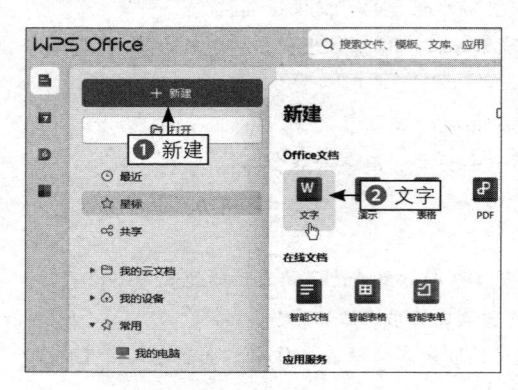

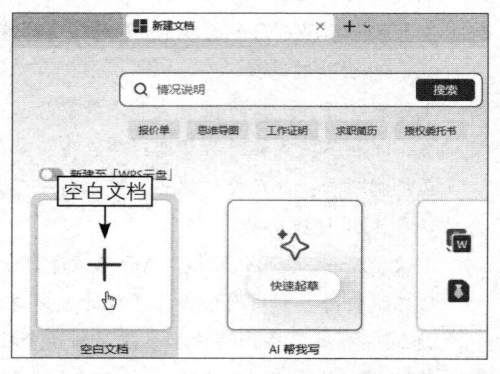

图 2-1 单击"文字"按钮

图 2-2 单击"空白文档"缩略图

步骤03 执行操作后，即可新建一个空白文档，连续两次按下【Ctrl】键，唤起WPS AI，在输入框下方的列表框中，选择"去灵感市集探索"选项，如图2-3所示。

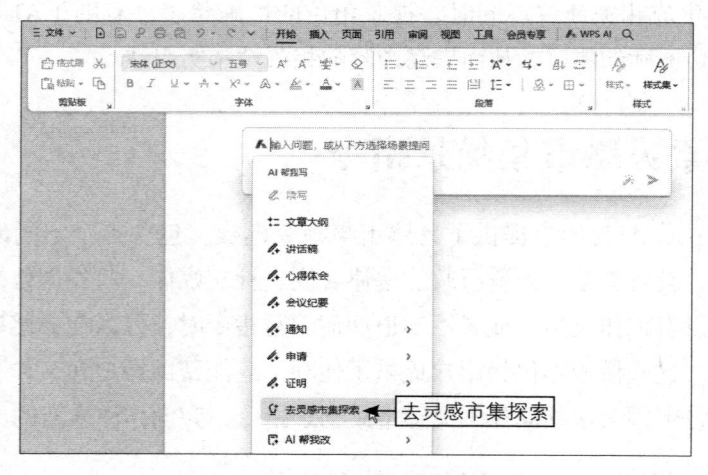

图 2-3 选择"去灵感市集探索"选项

步骤04 弹出"灵感市集"面板，其中显示了职场办公、教育教学、人资行政、法律合同、社交媒体、写作创作及营销策划等不同类型的指令模板，如图2-4所示。

第2章 指令编写篇——AI灵感市集

图2-4 显示了不同类型的指令模板

步骤05 ❶切换至"职场办公"选项卡；❷单击"转正总结"指令模板中的"使用"按钮，如图2-5所示。

图2-5 单击"使用"按钮

步骤06 执行操作后，即可套用"转正总结"指令模板，模板中标灰的文本框为待确认和待输入的内容，如图2-6所示。

步骤07 ❶单击第1个"请选择"文本框，在弹出的列表框中选中需要的单选按钮即可；❷这里将鼠标指针移至"贡献意见"选项前面的单选按钮上，如图2-7所示，单击将其选中，即可将所选内容自动填入文本框中。

037

WPS AI智能办公应用技巧大全

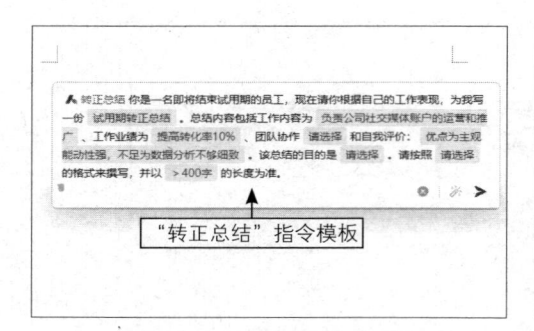

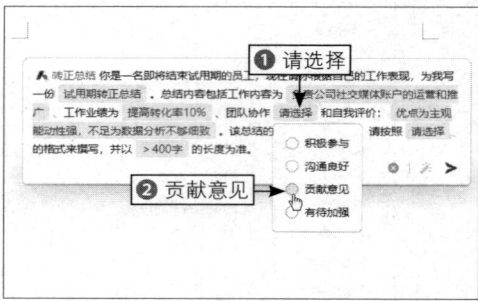

图 2-6　套用"转正总结"指令模板

图 2-7　选中"贡献意见"单选按钮

步骤08 ❶单击第2个"请选择"文本框；❷选中所需的选项前面的复选框，如图2-8所示，即可将所选内容自动填入文本框中。

步骤09 ❶单击第3个"请选择"文本框；❷将鼠标指针移至"结构化"选项前面的单选按钮上，如图2-9所示，单击将其选中，即可将所选内容自动填入文本框中。

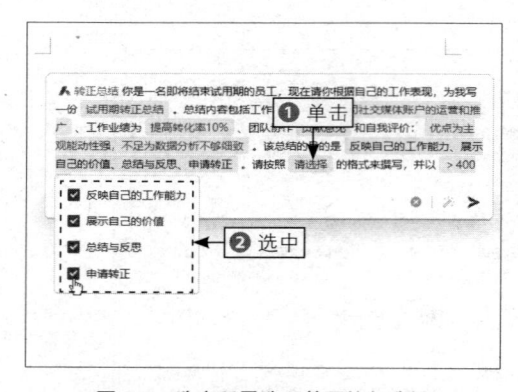

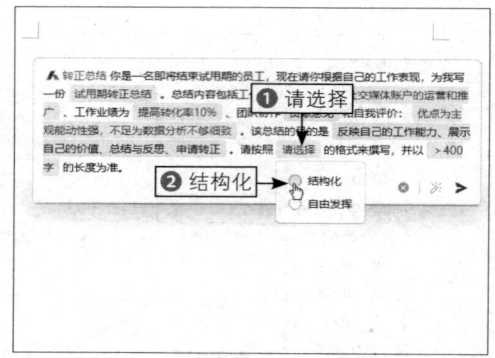

图 2-8　选中所需选项前面的复选框

图 2-9　选中"结构化"单选按钮

步骤10 单击 ▶ 按钮，稍等片刻，即可获得AI生成的试用期转正总结，相关内容如下。

WPS AI

试用期转正总结

1.工作内容：
在试用期内，我主要负责公司社交媒体账户的运营和推广工作。包括制定社交媒体策略、发布内容、管理广告投放，以及与粉丝互动。通过不断的学习和实践，我逐渐掌握了社交媒体运营的核心技巧，确保了公司账号在各大平台上的活跃度和影响力。

2.工作业绩：
通过优化社交媒体内容和广告投放策略，我成功提高了10%的转化率。这一成果不仅为公司带来了更多的潜在客户，还增强了品牌影响力。在推广新产品和活动时，我注重与粉丝的互动，提高了活动的参与度和曝光率。

3.团队协作与贡献：
在团队中，我积极贡献自己的意见和想法，与同事共同讨论和解决问题。在策划社交媒体活动时，我主动承担协调任务，确保活动的顺利进行。此外，我还分享了社交媒体运营的经验和技巧，帮助团队成员提升整体运营能力。

4.自我评价：
我的优点在于主观能动性强，能够迅速适应新环境和新任务。在面对挑战时，我能够保持积极的心态，寻找解决问题的办法。然而，我也意识到自己在数据分析方面存在不足，对数据的解读和挖掘不够细致。未来，我将加强数据分析能力的提升，为公司创造更大的价值。

综上所述，我认为自己已经具备了转正的条件和能力，希望公司能够给予我正式员工的身份，让我在未来的工作中继续为公司的发展贡献力量。

2.2.2 教育教学：生成教学课题灵感

在教育教学方面，AI指令模板能够为教师提供丰富的教学课题灵感和活动设计。无论是制定课程大纲，还是生成学生评估表，AI都能帮助教师更有效地管理教学过程，提升课堂互动性。下面以生成教学课题灵感为例，介绍具体的操作方法。

步骤01 在WPS中，新建一个空白文档，唤起WPS AI，打开"灵感市集"面板，❶切换至"教育教学"选项卡；❷单击"课题灵感"指令模板中的"使用"按钮，如图2-10所示。

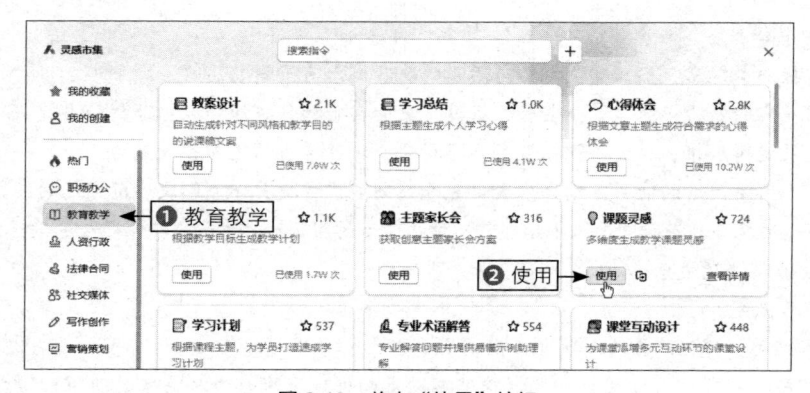

图2-10 单击"使用"按钮

步骤02 执行操作后,即可套用"课题灵感"指令模板,模板中标灰的文本为待确认和待输入的内容,如图2-11所示。

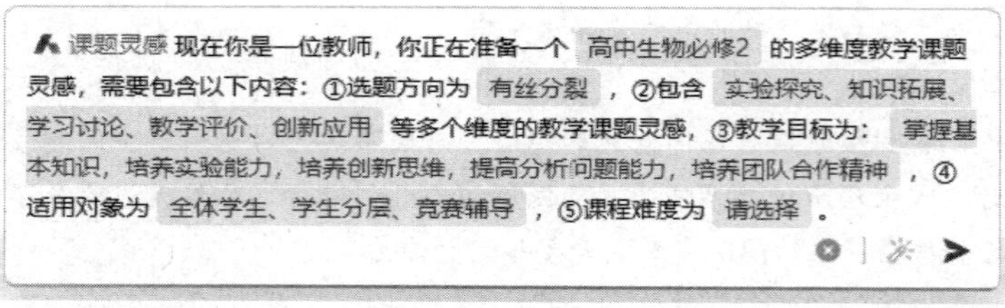

> 🅰 课题灵感 现在你是一位教师,你正在准备一个 高中生物必修2 的多维度教学课题灵感,需要包含以下内容:①选题方向为 有丝分裂 ,②包含 实验探究、知识拓展、学习讨论、教学评价、创新应用 等多个维度的教学课题灵感,③教学目标为: 掌握基本知识,培养实验能力,培养创新思维,提高分析问题能力,培养团队合作精神 ,④适用对象为 全体学生、学生分层、竞赛辅导 ,⑤课程难度为 请选择 。

图2-11 套用"课题灵感"指令模板

步骤03 参考前文所学操作,适当修改标灰文本框中的内容,完善指令后,单击➤按钮,即可获得AI生成的教学课题灵感,相关指令及回复内容如下。

👤 提问

> 现在你是一位教师,你正在准备一个[初中物理]的多维度教学课题灵感,需要包含以下内容:①选题方向为[力与运动],②包含[实验探究、知识拓展、学习讨论、教学评价、创新应用]等多个维度的教学课题灵感,③教学目标为:[掌握基本概念,培养实验能力,发展逻辑思维,提高解决问题的能力,培养团队合作精神],④适用对象为[全体学生、学生分层、竞赛辅导],⑤课程难度为[进阶]。

🅰 WPS AI

初中物理《力与运动》多维度教学课题灵感
一、选题方向
力与运动
二、教学目标
1.掌握基本概念:确保学生对力与运动的基本概念有清晰的了解。
2.培养实验能力:通过动手实验,提升学生的实验操作技能和数据分析能力。
3.发展逻辑思维:通过知识拓展和学习讨论,培养学生的逻辑推理能力。
4.提高解决问题的能力:结合实验探究和创新应用,提升学生解决实际问题的能力。
5.培养团队合作精神:通过小组合作,增强学生的团队协作意识,提高学生的沟通能力。
三、教学课题灵感
1.实验探究
课题名称:探究摩擦力对物体运动的影响
内容概述:学生分组设计实验,探究不同表面条件下摩擦力对物体运动距离的影响,并记录数据进行分析。
适用对象：全体学生、学生分层（基础较好的学生可尝试设计更复杂的实验方案）
难度：进阶
2.知识拓展
课题名称：牛顿第一定律与惯性现象的解释
……

四、总结
本课题灵感围绕"力与运动"这一选题方向，从实验探究、知识拓展、学习讨论、教学评价和创新应用等多个维度展开，旨在全面提高学生的物理素养和综合能力。通过多元化的教学活动和评价方式，满足不同学生的学习需求和发展水平。

2.2.3 人资行政：生成劳动合同模板

在人资行政领域，人们可以利用灵感市集中的指令模板，自动生成劳动合同、员工手册和招聘公告等文档，确保合规性与规范性。WPS AI还可以为HR提供最佳实践，优化人力资源管理流程。下面以生成劳动合同模板为例，介绍具体的操作方法。

步骤01 在WPS中，新建一个空白文档，唤起WPS AI，打开"灵感市集"面板，❶切换至"人资行政"选项卡；❷单击"劳动合同模板"指令模板中的"使用"按钮，如图2-12所示。

图2-12 单击"使用"按钮

步骤02 执行操作后，即可套用"劳动合同模板"指令模板，模板中标灰的文本为待确认和待输入的内容，如图2-13所示。

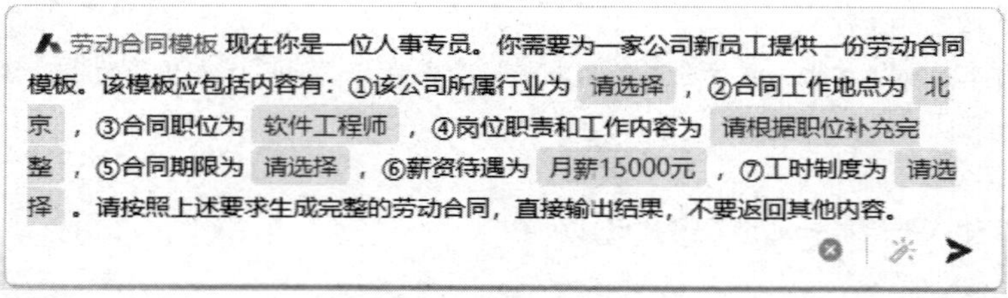

> 🅰 **劳动合同模板** 现在你是一位人事专员。你需要为一家公司新员工提供一份劳动合同模板。该模板应包括内容有：①该公司所属行业为 请选择 ，②合同工作地点为 北京 ，③合同职位为 软件工程师 ，④岗位职责和工作内容为 请根据职位补充完整 ，⑤合同期限为 请选择 ，⑥薪资待遇为 月薪15000元 ，⑦工时制度为 请选择 。请按照上述要求生成完整的劳动合同，直接输出结果，不要返回其他内容。

图 2-13 套用"劳动合同模板"指令模板

步骤03 适当修改标灰文本框中的内容，完善指令后，单击➤按钮，即可获得AI生成的劳动合同模板，相关指令及回复内容如下。

👤 提问

现在你是一位人事专员。你需要为一家公司新员工提供一份劳动合同模板。该模板应包括的内容有：①该公司所属行业为[房地产]，②合同工作地点为[武汉]，③合同职位为[销售顾问]，④岗位职责和工作内容为[负责客户的开发与维护]，⑤合同期限为[固定期限1年]，⑥薪资待遇为[月薪10000]，⑦工时制度为[标准工时制]。请按照上述要求生成完整的劳动合同，直接输出结果，不要返回其他内容。

🅰 WPS AI

劳动合同模板
甲方（用人单位）信息：
单位名称：[公司全称]
法定代表人：[法定代表人姓名]
注册地址：[公司注册地址]
联系电话：[公司联系电话]
乙方（劳动者）信息：
姓名：[员工姓名]
身份证号码：[员工身份证号码]
家庭住址：[员工家庭住址]
联系电话：[员工联系电话]
一、合同期限
本合同为固定期限劳动合同，合同期限为1年，自[合同起始日期]起至[合同结束日期]止。
二、工作内容和工作地点
1.乙方同意根据甲方工作需要，担任销售顾问岗位（工种）工作。

2.乙方的工作地点为武汉。
3.乙方应按照甲方的要求，按时完成规定的工作数量，达到规定的质量标准，并接受甲方的考核。
4.乙方的主要岗位职责和工作内容为负责客户的开发与维护。
三、工作时间和休息休假
……

2.2.4 法律合同：生成产品采购合同

对于法律合同的处理，利用灵感市集中的指令模板，AI能够生成标准化的法律文书，如产品采购合同和服务协议，帮助法律专业人士快速构建高质量的法律文档，减少潜在的法律风险。下面以生成产品采购合同为例，介绍具体的操作方法。

步骤01 在WPS中，新建一个空白文档，唤起WPS AI，打开"灵感市集"面板，❶切换至"法律合同"选项卡；❷单击"产品采购合同"指令模板中的"使用"按钮，如图2-14所示。

图2-14 单击"使用"按钮

步骤02 执行操作后，即可套用"产品采购合同"指令模板，模板中标灰的文本框为待确认和待输入的内容，如图2-15所示。

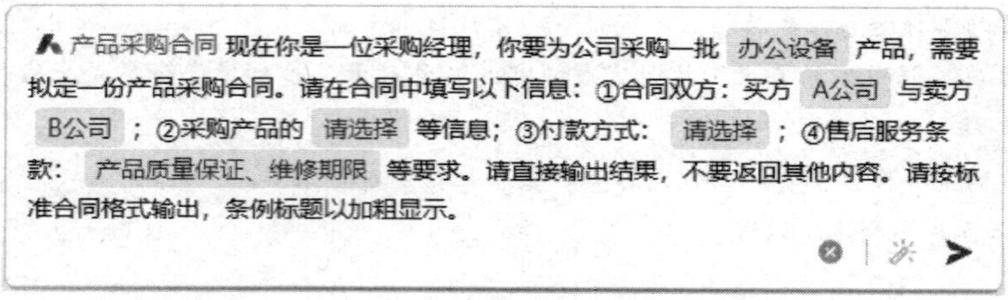

> **产品采购合同** 现在你是一位采购经理，你要为公司采购一批 办公设备 产品，需要拟定一份产品采购合同。请在合同中填写以下信息：①合同双方：买方 A公司 与卖方 B公司 ；②采购产品的 请选择 等信息；③付款方式： 请选择 ；④售后服务条款 产品质量保证、维修期限 等要求。请直接输出结果，不要返回其他内容。请按标准合同格式输出，条例标题以加粗显示。

图 2-15　套用"产品采购合同"指令模板

步骤03 适当修改标灰文本框中的内容，完善指令后，单击➤按钮，即可获得AI生成的产品采购合同，相关指令及回复内容如下。

提问

现在你是一位采购经理，你要为公司采购一批[办公设备]产品，需要拟定一份产品采购合同。请在合同中填写以下信息：①合同双方：买方[A公司]与卖方[B公司]；②采购产品的[品名、型号、数量、单价、折扣、质保期、物流配送方式、交货日期、验收标准]等信息；③付款方式：[定金预付+尾款]；④售后服务条款：[产品质量保证、维修期限]等要求。请直接输出结果，不要返回其他内容。请按标准合同格式输出，条例标题加粗显示。

WPS AI

办公设备产品采购合同
合同编号：[填写合同编号]
签约日期：[填写签约日期]
本合同由以下双方在公平、自愿的基础上签订：
买方（甲方）：A公司
地址：[填写A公司地址]
法定代表人：[填写A公司法定代表人姓名]
联系方式：[填写A公司联系方式]
卖方（乙方）：B公司
地址：[填写B公司地址]
法定代表人：[填写B公司法定代表人姓名]
联系方式：[填写B公司联系方式]
鉴于甲方需要采购一批办公设备产品，乙方同意按照本合同约定的条件向甲方提供相关产品。双方经友好协商，达成如下协议：
一、采购产品
……

2.2.5 社交媒体：生成小红书旅游攻略

在社交媒体领域，利用灵感市集中的指令模板，AI能够帮助用户快速生成吸引人的小红书内容，例如旅游攻略、产品推广文案等，确保内容的创意与互动性，以吸引更多的受众关注。下面以生成小红书旅游攻略为例，介绍具体的操作方法。

步骤01 在WPS中，新建一个空白文档，唤起WPS AI，进入"灵感市集"面板，❶切换至"社交媒体"选项卡；❷单击"小红书旅游攻略"指令模板中的"使用"按钮，如图2-16所示。

图 2-16 单击"使用"按钮

步骤02 执行操作后，即可套用"小红书旅游攻略"指令模板，模板中标灰的文本框为待确认和待输入的内容，如图2-17所示。

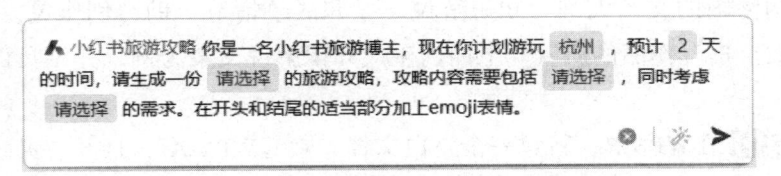

图 2-17 套用"小红书旅游攻略"指令模板

步骤03 适当修改标灰文本框中的内容，完善指令后，单击➤按钮，即可获得AI生成的小红书旅游攻略，相关指令及回复内容如下。

提问

你是一名小红书旅游博主，你计划游玩[上海]，预计[5]天的时间，请生成一份[按景区景点顺序]的旅游攻略，攻略内容需要包括[美食、景点、购物、住宿、交通、娱乐]，同时考虑[节省时间、节省金钱、高级享受、尽量地道]等需求。在开头和结尾的适当部分加上emoji表情。

WPS AI

上海五日游攻略来啦！

Day1：初识上海，感受历史与现代的交融

上午：抵达上海后，从上海虹桥站（2/10/17号线）出发，乘坐地铁轻松抵达市区。推荐入住南京路步行街附近的酒店，方便晚上欣赏外滩夜景。

下午：游览静安寺，感受千年古刹的宁静与庄严。随后前往张园，漫步在石库门建筑群中，体验上海的历史韵味。

晚上：在南京路步行街品尝地道的上海小吃，如生煎、小笼包等。之后前往外滩，欣赏万国建筑博览群和黄浦江的美景。

美食推荐：南京路步行街的小吃集锦，外滩附近的餐厅。

购物推荐：南京路步行街，各种品牌店铺林立。

住宿推荐：南京路步行街附近的经济型或中高档酒店。

交通：以地铁为主，方便快捷。

娱乐：外滩散步赏夜景，感受上海的繁华与魅力。

Day2：迪士尼乐园的梦幻之旅

……

2.2.6 写作创作：生成知识解说文案

在写作创作方面，利用灵感市集中的指令模板，AI能够帮助作者生成结构清晰的文章大纲、知识解说文案和故事情节，助力创作灵感的激发，提升作品的质量。下面以生成知识解说文案为例，介绍具体的操作方法。

步骤01 在WPS中，新建一个空白文档，唤起WPS AI，打开"灵感市集"面板，❶切换至"写作创作"选项卡；❷单击"解说文案"指令模板中的"使用"按钮，如图2-18所示。

第2章 指令编写篇——AI灵感市集

图 2-18 单击"使用"按钮

步骤02 执行操作后，即可套用"解说文案"指令模板，模板中标灰的文本框为待确认和待输入的内容，如图2-19所示。

图 2-19 套用"解说文案"指令模板

步骤03 适当修改标灰文本框中的内容，完善指令后，单击发送按钮➤，即可获得AI生成的知识解说文案，相关指令及回复内容如下。

提问

你是一位知识博主，现在你需要为[人物龙凤帛画]撰写一份解说文案。该文案需要考虑以下内容：场景背景为[名画赏析]，详细信息为[战国楚墓出土的珍贵文物，纵31.2厘米，横23.2厘米]，事件发展为[这幅作品对后世艺术风格的影响]，解说风格[生动]。

WPS AI

名画赏析：人物龙凤帛画
1.珍贵的战国楚墓出土文物

047

《人物龙凤帛画》是一件战国中晚期的帛画精品，于1949年在湖南长沙陈家大山楚墓中被发现。这幅作品纵31.2厘米、横23.2厘米，现藏于湖南省博物馆。作为中国现存最古老的帛画之一，它不仅展现了战国时期绘画艺术的高超水平，更是我们了解先秦时期社会生活、宗教信仰和审美追求的重要实物资料。

2.画作内容与艺术特色

《人物龙凤帛画》描绘的是一位端庄的妇女祈祷龙凤引导其灵魂升天的情景。画中妇女长发盘起，双手合掌，身着宽松袖口的细腰长裙，体态优美。在她的上方，一只展翅飞舞的凤和一条蜿蜒向上升腾的龙占据了画面的主要位置，共同构成了引魂升天的主题思想。

这幅帛画采用线描造型，线条挺拔有力，简洁流畅，人物形象比例匀称，龙凤造型简洁明快。在色彩设计方面，作品采用平涂与渲染兼用的方法，黑白对比明确，使得形象既有一定的重量感又生机盎然。此外，作者在人物嘴唇、衣袖等处略点朱彩，在凤鸟、人物衣饰上添加纹饰，这些装饰元素使得整幅作品更加富有浓厚的装饰意味。

3.对后世艺术风格的影响

……

2.2.7 营销策划：生成账号涨粉方案

在营销策划场景中，利用灵感市集中的指令模板，AI能够帮助用户制订有效的社交媒体营销策略，例如生成活动策划、种草文案、设计广告片文案、账号涨粉方案、品牌推广方案、品牌推文及危机公关文案等。下面以生成账号涨粉方案为例，介绍具体的操作方法。

步骤01 在WPS中，新建一个空白文档，唤起WPS AI，打开"灵感市集"面板，❶切换至"营销策划"选项卡；❷单击"账号涨粉方案"指令模板中的"使用"按钮，如图2-20所示。

图2-20 单击"使用"按钮

第2章　指令编写篇——AI灵感市集

步骤02 执行操作后，即可套用"账号涨粉方案"指令模板，模板中标灰的文本框为待确认和待输入的内容，如图2-21所示。

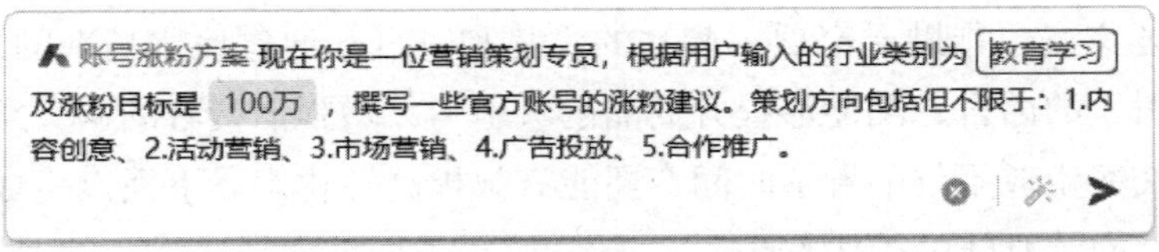

> ▲ 账号涨粉方案 现在你是一位营销策划专员，根据用户输入的行业类别为 教育学习 及涨粉目标是 100万 ，撰写一些官方账号的涨粉建议。策划方向包括但不限于：1.内容创意、2.活动营销、3.市场营销、4.广告投放、5.合作推广。

图2-21　套用"账号涨粉方案"指令模板

步骤03 适当修改标灰文本框中的内容，完善指令后，单击 ➤ 按钮，即可获得AI生成的账号涨粉方案，相关指令及回复内容如下。

提问

现在你是一位营销策划专员，根据用户输入的行业类别为[餐饮美食]及涨粉目标是[150万]，撰写一些官方账号的涨粉建议。策划方向包括但不限于：1.内容创意、2.活动营销、3.市场营销、4.广告投放、5.合作推广。

WPS AI

餐饮美食官方账号涨粉建议
1. 内容创意
美食故事分享：讲述每道菜品背后的故事，如食材来源、烹饪技巧、历史背景等，增加内容的情感共鸣。
制作过程揭秘：通过短视频或图文形式，展示美食的制作过程，让观众感受到烹饪的乐趣和成就感。
探店评测：定期探访热门或特色餐厅，进行菜品评测，分享用餐体验，吸引粉丝关注和讨论。
美食知识科普：分享关于食材选择、营养搭配、烹饪技巧等方面的知识，提升粉丝的专业认知。
粉丝互动：设置"粉丝点菜"环节，根据粉丝的投票结果制作并分享相应的菜品，增强粉丝参与感和归属感。
2. 活动营销
挑战赛：发起"美食制作挑战赛"，邀请粉丝分享自己的烹饪作品，设置奖项和奖品，鼓励更多用户参与。
限时优惠：与餐厅合作，推出限时优惠活动，如打折、赠品等，吸引粉丝到店消费并分享体验。
……

049

2.2.8 电商运营：生成商品描述文案

在电商运营场景中，利用灵感市集中的指令模板，AI能够快速生成商品描述文案，帮助卖家展示产品的优势和特点。通过使用精准的描述和吸引人的语言，AI能够提升商品的吸引力，增强消费者的购买意愿。这种智能化的文案生成不仅节省了时间，还能有效提高转化率。下面以生成商品描述文案为例，介绍具体的操作方法。

步骤01 在WPS中，新建一个空白文档，唤起WPS AI，打开"灵感市集"面板，❶切换至"电商运营"选项卡；❷单击"商品描述文案"指令模板中的"使用"按钮，如图2-22所示。

图 2-22　单击"使用"按钮

步骤02 执行操作后，即可套用"商品描述文案"指令模板，模板中标灰的文本框为待确认和待输入的内容，如图2-23所示。

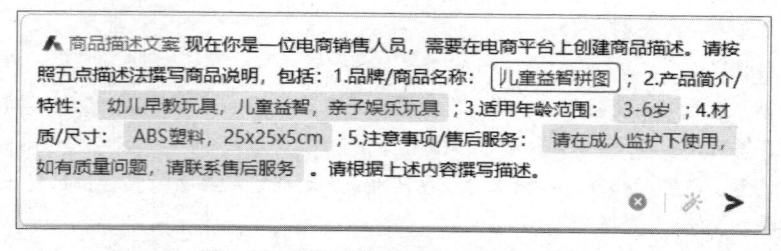

图 2-23　套用"商品描述文案"指令模板

步骤03 适当修改标灰文本框中的内容，完善指令后，单击▶按钮，即可获得AI生成的商品描述文案，相关指令及回复内容如下。

😊 提问

现在你是一位电商销售人员，需要在电商平台上添加商品描述。请按照五点描述法撰写商品说明，包括：1.品牌/商品名称：[音乐启蒙玩具]；2.产品简介及特点：[婴幼儿早教玩具，培养音乐感知，亲子互动]；3.适用年龄范围：[0~3岁]；4.材质/尺寸：[环保木材，30cm×20cm×5cm]；5.注意事项/售后服务：[请在成人监护下使用，如有质量问题，请联系售后服务]。请根据上述内容撰写描述。

WPS AI

商品描述
1.品牌/商品名称
[音乐启蒙玩具]
2.产品简介及特点
[婴幼儿早教玩具，培养音乐感知，亲子互动]
这款音乐启蒙玩具专为婴幼儿设计，旨在通过音乐的旋律和节奏，帮助宝宝从小培养音乐感知能力。玩具设计鼓励亲子互动，家长可以和孩子一起玩耍，增进亲子关系。
3.适用年龄范围
[0~3岁]
这款玩具适合0~3岁的婴幼儿使用，是宝宝成长过程中的理想早教玩具。
4.材质/尺寸
[环保木材，30cm×20cm×5cm]
采用环保木材制作，无毒无害，安全可靠。玩具尺寸为30cm×20cm×5cm，适合宝宝的小手抓握，易于携带。
5.注意事项/售后服务
[请在成人监护下使用，如有质量问题，请联系售后服务]
为了确保宝宝的安全，请在成人监护下使用这款玩具。如果您在使用过程中遇到任何质量问题，请随时联系我们的售后服务团队，我们将竭诚为您提供帮助。

2.2.9 生活娱乐：生成时尚穿搭建议

在生活娱乐场景中，利用灵感市集中的指令模板，AI能够生成时尚穿搭建议、家居布置方案等，满足人们日常生活中的多样需求，为用户带来便利与乐趣。下面以生成时尚穿搭建议为例，介绍具体的操作方法。

步骤01 在WPS中，新建一个空白文档，唤起WPS AI，打开"灵感市集"面板，❶切换至"生活娱乐"选项卡；❷单击"时尚穿搭"指令模板中的"使用"按钮，如图2-24所示。

图 2-24 单击"使用"按钮

步骤02 执行操作后，即可套用"时尚穿搭"指令模板，模板中标灰的文本框为待确认和待输入的内容，如图2-25所示。

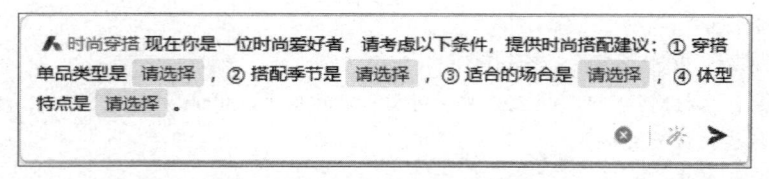

图 2-25 套用"时尚穿搭"指令模板

步骤03 适当修改标灰文本框中的内容，完善指令后，单击➤按钮，即可获得AI生成的时尚穿搭建议，相关指令及回复内容如下。

提问

现在你是一位时尚爱好者，请考虑以下条件，提供时尚搭配建议：①穿搭单品类型是[衣服、裤子、鞋子、配饰]，②搭配季节是[冬天]，③适合的场合是[工作]，④体型特点是[矮胖]。

> **WPS AI**
>
> 冬季工作场合矮胖体型时尚搭配建议
> 一、衣服搭配
> 1.选择长款大衣：选择一件合身且剪裁利落的长款大衣，长度以刚到膝盖为宜，既能保暖又能拉长身形。颜色建议选择深色系，如黑色、深灰色或藏青色，这些颜色在视觉上更显瘦。
> 2.内搭高领毛衣：内搭一件高领毛衣，既保暖又能修饰颈部线条，避免显得臃肿。选择纯色或图案简单的毛衣，避免过于复杂的图案造成视觉上的混乱。
> 3.西装外套：如果工作环境允许，可以选择一件合身的西装外套，搭配高腰裤，可以很好地修饰身材比例，显得干练、专业。
> 二、裤子搭配
> 1.高腰直筒裤：选择高腰直筒裤，可以拉长腿部线条，显得腿部更加修长。材质上可以选择厚实的羊毛或牛仔面料，既保暖又时尚。
> 2.深色紧身裤：如果喜欢穿裙子，可以搭配一条深色紧身裤，再穿上一双长靴，既保暖又能修饰腿部线条。
> 三、鞋子搭配
> 1.粗跟短靴：选择一双粗跟短靴，既能增加身高，又能保持稳定性，适合冬季穿着。颜色可以选择与大衣或裤子相近的色系，整体上形成统一感。
> 2.平底鞋：如果工作环境对鞋子要求不严格，也可以选择一双平底鞋，如乐福鞋或小白鞋，搭配高腰裤或裙子，显得休闲而不失专业感。
> 四、配饰搭配
> 1.围巾与手套：选择一条与大衣颜色相协调的围巾，既能保暖又能增加层次感。手套则可以选择简约的款式，颜色与围巾或鞋子相呼应。
> 2.简约手表：佩戴一块简约的手表，既能彰显品位，又能提升整体造型的专业感。
> 3.小巧耳环：选择一对小巧精致的耳环，既能点缀整体造型，又不会显得过于烦琐。

2.2.10 办公角色：变身商务洽谈高手

在办公角色场景中，利用灵感市集中的指令模板，AI能够帮助用户在商务洽谈、项目管理和团队合作中扮演不同的角色。通过指令生成相关策略和建议，用户能够提升自己在商务交流中的专业性和谈判能力，帮助团队更高效地达成目标。下面以让AI变身商务洽谈高手，生成商务洽谈技巧为例，介绍具体的操作方法。

步骤01 在WPS中，新建一个空白文档，唤起WPS AI，打开"灵感市集"面板，❶切换至"办公角色"选项卡；❷单击"商务洽谈高手"指令模板中的

"使用"按钮，如图2-26所示。

图 2-26　单击"使用"按钮

步骤 02 执行操作后，即可套用"商务洽谈高手"指令模板，模板中标灰的文本框为待确认和待输入的内容，如图2-27所示。

图 2-27　套用"商务洽谈高手"指令模板

步骤 03 适当修改标灰文本框中的内容，完善指令后，单击➤按钮，即可获得AI生成的商务洽谈技巧，相关指令及回复内容如下。

👤 提问

现在你是一位商务沟通专家，你需要帮助一位商务人员提高商务洽谈技巧。这位商务人员现有经验为[初级]，他关注的商务洽谈领域包括[战略合作、投资与融资、市场拓展]。请为他推荐一套行之有效的商务洽谈技巧和策略，以便提高成功率。请直接输出结果，不要返回其他内容。

WPS AI

1. 充分准备
了解对手：在洽谈前，深入了解对方的背景、需求、利益、市场位置及投资偏好（针对投资与融资领域）。
设定目标：明确洽谈的目标和底线，制订详细的策略和方案，列出优先顺序和关键点。
资料准备：准备项目介绍、市场分析报告、财务数据等必要资料，确保信息的准确性和完整性。

2. 建立信任与关系
展现诚意：通过微笑、握手、目光交流等非语言手段，展示友好和尊重。
共同利益：强调双方合作的共同利益和共赢前景，建立合作的基础。
非正式交谈：在正式洽谈前，进行一些非正式的交流，增进了解和信任。

3. 倾听与提问
有效倾听：认真倾听对方的需求、担忧和期望，理解对方的立场和观点。
提问策略：通过提问引导对方思考，暴露对方的弱点和需求，为达成协议创造条件。
反馈确认：在倾听和提问过程中，适时给予反馈和确认，确保双方理解一致。

4. 清晰表达与说服
清晰表达：用简洁、明了的语言表达自己的观点和需求，避免模糊或冗长的表述。
逻辑严密：通过逻辑严密、条理清晰的论证，增强说服力，让对方认识到己方观点的正确性。
情感因素：运用情感因素，以真诚、热情的态度感染对方，提升说服力。

5. 灵活变通与妥协
灵活变通：在洽谈过程中，根据对方的反应和情况变化，灵活调整策略和方案。
寻求共同点：努力找到双方都能接受的解决方案，寻求妥协和共赢。
避免情绪化：保持冷静和客观，避免情绪化和冲动，以免影响判断和决策。

6. 记录与跟进
……

本章小结

本章首先介绍了10个实用的指令编写技巧，包括明确目标、提供启发性信息和使用自然语言等方法，为用户优化与AI的互动提供了基础，并深入探讨了每个技巧的具体应用，帮助用户理解如何更有效地编写指令。然后，展示了WPS AI灵感市集中的指令模板，涵盖职场办公、教育教学等领域，为用户提供实用的参考，帮助用户在不同的场景中提升创作效率，激发灵感，实现更高的工作成效。

课后实训

鉴于本章知识的重要性，为了帮助读者更好地掌握所学知识，本节将通过课后实训，帮助读者进行简单的知识回顾和补充。

实训任务： 打开WPS文字文档，唤起WPS AI，根据前文所学，编写一份指令，生成点击率高的知乎问题，相关指令及回复内容如下。

提问

你是一位知乎博主，现在你需要帮我批量生成一系列吸睛、点击率高的知乎问题，这些问题需要引发读者的好奇心和兴趣。问题内容可以涵盖日常生活、学术研究、社会热点及职场经验等领域和话题，问题的风格可以幽默一点，需要考虑目标受众，让他们在不同的领域都能找到感兴趣的问题。

WPS AI

1. 为什么猫总是能完美地避开所有障碍物，而我连自己的脚都绊？
2. 如果外星人来地球开派对，你会带什么地球特色小吃去？
3. 有没有可能我们其实都生活在某个高级文明的模拟器里？
4. 如果你能在任何历史时期选择一个周末度假，你会去哪里？
5. 为什么我们总是在最不合适的时刻打喷嚏？
6. 如果你突然能听懂动物的语言，你认为你的宠物会告诉你什么？
7. 有没有一种可能，我们对时间的感知是错的？
8. 如果你必须选择一种超能力，你会选择时间静止还是隐身？
9. 为什么我们小时候觉得时间过得好慢，长大后却感觉时间飞逝？
10. 如果你被邀请参加《权力的游戏》中的宴会，你会选择哪个家族的旗帜坐下？
11. 为什么我们总是在考试前夜复习得最好？
12. 如果你能在任何电影场景中出现，你希望是哪一部？
13. 为什么我们总是在最需要手机的时候发现它没电了？
14. 如果你有机会和历史上的任何一个人交换生活一天，你会选择谁？
……

第 3 章
文档创作篇——AI 写作助手

> **本章要点**
>
> WPS AI中的AI写作助手为文档创作带来了前所未有的便利。本章将深入探讨如何利用AI写作助手进行高效的文档创作，涵盖AI帮我写、AI帮我改及其他AI辅助功能等，以全面提升工作效率和文档质量。

3.1 AI帮我写

在文档创作的初始阶段，WPS AI的AI写作助手为用户提供了"AI帮我写"功能，可以帮助用户快速生成所需内容。本节将重点介绍如何通过"AI帮我写"功能生成需要的内容、进行场景提问、快速起草文档，以及续写和完善现有内容。

3.1.1 输入问题：获得AI回复内容

WPS AI基于自然语言处理技术，可以理解用户输入的问题或指令，自动生成回复、文章和报告等文本内容。这一功能使得用户在撰写文档时，能够快速获取准确的信息和分析，为后续的写作奠定基础。

当用户使用WPS AI的"AI帮我写"功能进行创作时，可以通过简单的指令或输入具体问题来传达想法和要求，AI便能迅速生成相关回复，具体操作如下。

步骤01 打开一个WPS空白文档，❶在菜单栏中单击WPS AI按钮；❷在弹出的列表框中选择"AI帮我写"选项，如图3-1所示。

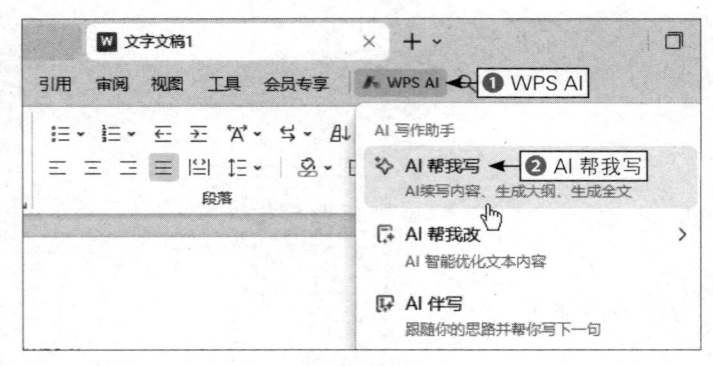

图 3-1 选择"AI 帮我写"选项

步骤02 唤起WPS AI，在输入框中输入问题"当前市场的主要趋势是什么？"如图3-2所示。

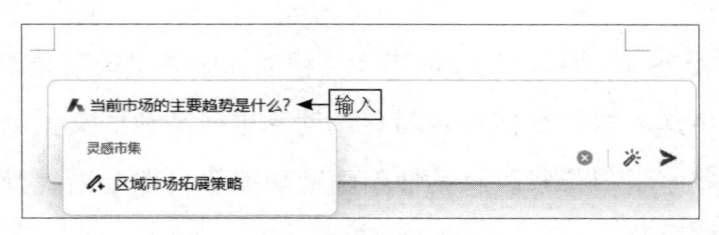

图 3-2 在输入框中输入问题

第3章 文档创作篇——AI写作助手

步骤03 单击▶按钮，稍等片刻，AI即可生成回复内容，单击"保留"按钮，如图3-3所示。

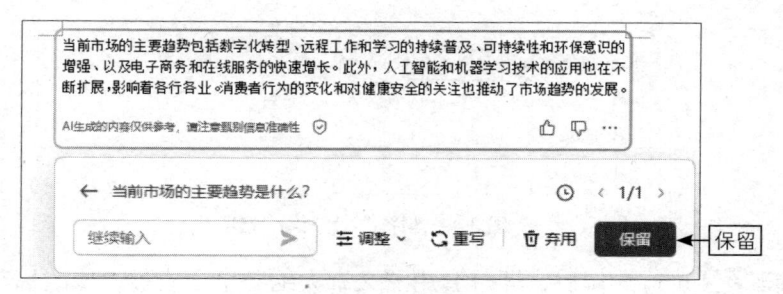

图3-3 单击"保留"按钮

步骤04 执行操作后，即可将回复的内容自动插入文档中，相关回复内容如下。

WPS AI

当前市场的主要趋势包括数字化转型、远程工作和学习的持续普及、可持续性和环保意识的增强，以及电子商务和在线服务的快速增长。此外，人工智能和机器学习技术的应用也在不断扩展，影响着各行各业。消费者行为的变化和对健康安全的关注也推动了市场趋势的发展。

☆ 专家提醒 ☆

如果用户对AI生成的回复内容不满意，可以单击"重写"按钮，让AI重新生成；或单击"弃用"按钮，放弃使用AI生成的回复内容；还可以单击"调整"下拉按钮，在弹出的下拉列表框中，选择"续写""润色""扩写""缩写"等选项，让AI改写内容；也可以直接在"继续输入"文本框中输入指令或要求，让AI根据要求再次生成新的内容。

3.1.2 场景提问：生成大纲和全文

除了直接在WPS AI输入框中提问，用户还可以在输入框下方的列表框中选择对应的场景进行提问。下面以让WPS AI生成文章大纲和全文为例，介绍具体的操作方法。

扫码看教学视频

步骤01 打开一个WPS空白文档，在菜单栏中单击WPS AI按钮，在弹出的列表框中选择"AI帮我写"选项，唤起WPS AI，在输入框下方的列表框中，选择"文章大纲"选项，如图3-4所示。

059

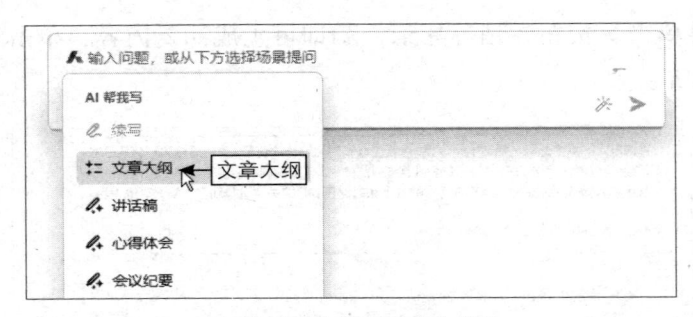

图 3-4　选择"文章大纲"选项

步骤 02 执行操作后，即可套用"文章大纲"指令模板，修改标灰文本框中的内容为大纲主题，如图3-5所示。

图 3-5　修改标灰文本框中的内容为大纲主题

步骤 03 单击➤按钮，AI即可生成大纲，如图3-6所示。此时，如果用户单击"插入大纲"按钮，将在文档中仅插入生成的文章大纲；单击"生成全文（约8k字）"按钮，AI将根据大纲生成完整的文章内容。

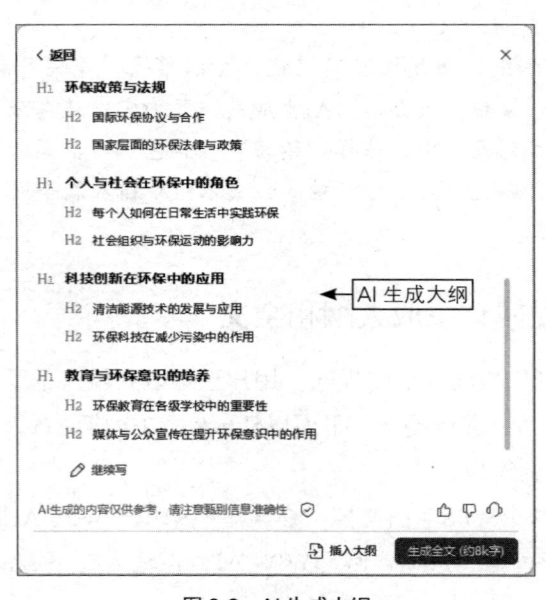

图 3-6　AI 生成大纲

步骤04 这里单击"生成全文（约8k字）"按钮，稍等片刻，AI即可生成完整的文章内容，单击"保留"按钮，如图3-7所示。

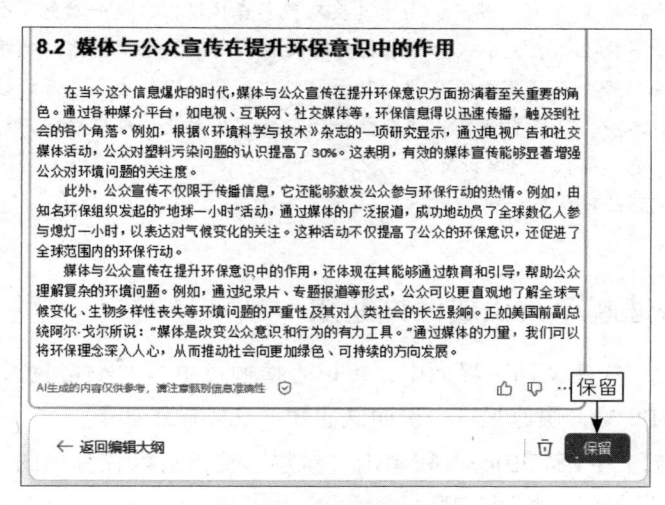

8.2 媒体与公众宣传在提升环保意识中的作用

在当今这个信息爆炸的时代，媒体与公众宣传在提升环保意识方面扮演着至关重要的角色。通过各种媒介平台，如电视、互联网、社交媒体等，环保信息得以迅速传播，触及到社会的各个角落。例如，根据《环境科学与技术》杂志的一项研究显示，通过电视广告和社交媒体活动，公众对塑料污染问题的认识提高了30%。这表明，有效的媒体宣传能够显著增强公众对环境问题的关注度。

此外，公众宣传不仅限于传播信息，它还能够激发公众参与环保行动的热情。例如，由知名环保组织发起的"地球一小时"活动，通过媒体的广泛报道，成功地动员了全球数亿人参与熄灯一小时，以表达对气候变化的关注。这种活动不仅提高了公众的环保意识，还促进了全球范围内的环保行动。

媒体与公众宣传在提升环保意识中的作用，还体现在其能够通过教育和引导，帮助公众理解复杂的环境问题。例如，通过纪录片、专题报道等形式，公众可以更直观地了解全球气候变化、生物多样性丧失等环境问题的严重性及其对人类社会的长远影响。正如美国前副总统阿尔·戈尔所说："媒体是改变公众意识和行为的有力工具。"通过媒体的力量，我们可以将环保理念深入人心，从而推动社会向更加绿色、可持续的方向发展。

图 3-7 单击"保留"按钮

步骤05 执行操作后，即可将AI生成的文章大纲和全文内容插入文档中，相关回复内容如下。

WPS AI

环保的重要性：我们共同的未来
一、环保的定义与重要性
1.1 环保的含义及其核心价值
环保，即环境保护，是指人类为了解决实际或潜在的环境问题，协调人与环境的关系，保障经济社会的可持续发展而采取的各种行动。其核心价值在于维护地球生态系统的平衡，确保自然资源的合理利用和代际公平。据联合国环境规划署报告，全球每年因环境退化造成的经济损失高达数万亿美元。这不仅影响了当前人类的生活质量，也对子孙后代的福祉构成了威胁。正如美国前副总统阿尔·戈尔所说："我们不是地球的拥有者，而是它的托管人。"这强调了我们对环境的责任感和保护环境的紧迫性。环保的实践不仅需要政府的政策引导和企业的技术创新，更需要每个个体的日常行动，如减少塑料使用、节能减排、支持可持续产品等，共同构建一个绿色、健康、和谐的未来。
1.2 环境保护对地球生态系统的意义
环境保护对地球生态系统的意义是深远且不可替代的。地球生态系统是人类赖以生存的基础，它包括大气、水体、土壤、生物多样性，以及它们之间的相互作用。生态系统的健康直接关系到地球的气候调节、水源净化、土壤肥力、食物供应，以及生物多样性保护。例如，森林生态系统通过光合作用吸收二氧化碳，释放氧气，对全球气候变化起到了关键的调节作用。据联合国环境规划署报告，森林每年吸收约20亿吨的碳，相当于全球温室气体排放量的1/4。然而，由于过度砍伐和森林退化，这一功能正受到严重威胁。此外，生物多样性的丧失不仅意味着物种的灭绝，更破坏了生态系统的平衡，导致生态服务功能的下降。正如爱德华·威尔逊所言："如果我们失去生物多样性，我们失去的不仅是物种本身，还有自然界的复杂性和稳定性。"因此，环境保护不仅关乎自然环境的健康，更是人类社会可持续发展的基石。

二、环境问题的现状与挑战

……

3.1.3 快速起草：生成面试通知

在WPS的"新建文档"界面中，可以直接通过单击"AI帮我写"缩略图唤起WPS AI，快速起草一份面试通知，具体操作如下。

扫码看教学视频

步骤01 打开WPS Office，❶单击"新建"按钮；❷在弹出的"新建"面板中单击"文字"按钮，如图3-8所示。

步骤02 进入"新建文档"界面，单击"AI帮我写"缩略图，如图3-9所示。

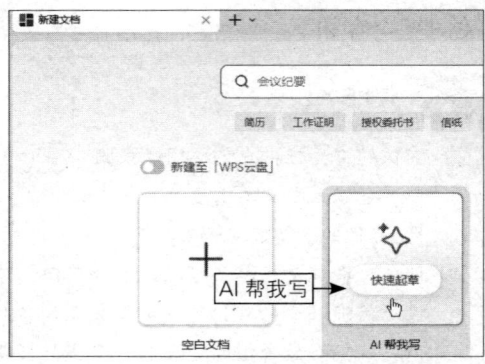

图 3-8 单击"文字"按钮　　　　　图 3-9 单击"AI 帮我写"缩略图

步骤03 执行操作后，即可快速创建一个WPS文字文档，并唤起WPS AI，在输入框下方的列表框中，选择"通知"|"面试通知"选项，如图3-10所示。

步骤04 执行操作后，即可套用"面试通知"指令模板，模板中标灰的文本框为待确认和待输入的内容，如图3-11所示。

步骤05 适当修改标灰文本框中的内容，完善指令后，单击 ➤ 按钮，即可获得AI生成的面试通知，相关指令及回复内容如下。

第3章 文档创作篇——AI写作助手

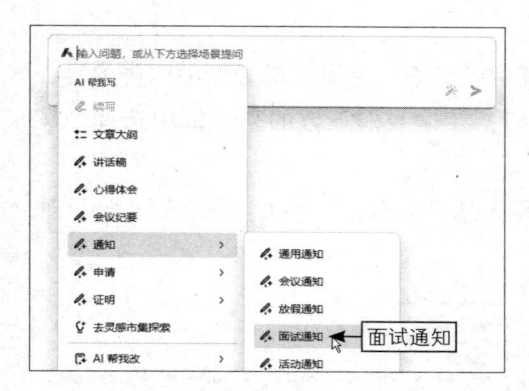

图 3-10 选择"面试通知"选项

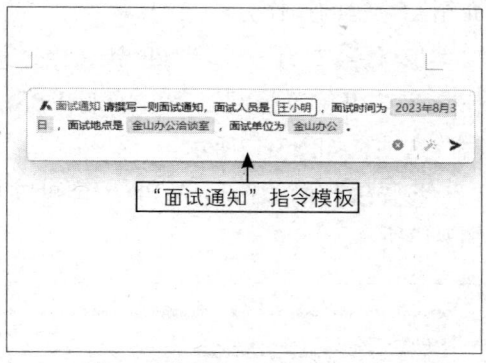

图 3-11 套用"面试通知"指令模板

提问

请撰写一则面试通知，面试人员是[张晓红]，面试时间为[2025年1月5日]，面试地点是[智能科技大厦36楼]，面试单位为[智能科技游戏有限公司]。

WPS AI

面试通知

张晓红先生/女士：

您好！

我们非常高兴地通知您，您已通过初步筛选，现诚邀您参加面试。

请您于2025年1月5日前往智能科技大厦36楼参加面试。

我们期待与您进一步交流，共同探讨您与智能科技游戏有限公司未来合作的可能。

请您携带个人简历、学历证明及其他相关证书，以便我们更好地了解您的专业背景和技能。同时，请确保您的联系方式畅通，以便我们有任何变动时能及时与您联系。

智能科技游戏有限公司是一家致力于创新和娱乐的公司，我们相信您的加入将为公司带来新的活力和创意。

期待您的到来，让我们共同开启一段新的旅程。

智能科技游戏有限公司

2025年1月4日

3.1.4 AI续写：完善产品广告

　　WPS AI可以根据用户提供的上下文信息，例如文章的主题、摘要和段落结构等信息，自动续写内容。下面以完善产品广告内容为例，

扫码看教学视频

063

介绍AI续写的操作方法。

步骤01 打开一个产品广告文档，其中已经编写好了一部分产品广告内容，在文本结束位置另起一行，唤起WPS AI，在输入框下方的列表框中选择"续写"选项，如图3-12所示。

步骤02 稍等片刻，WPS AI即可续写产品广告内容，单击"插入"按钮，如图3-13所示。

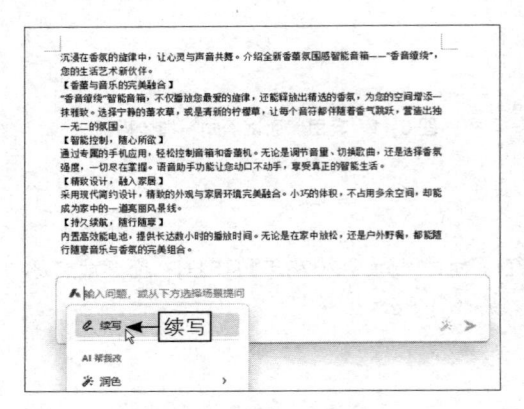

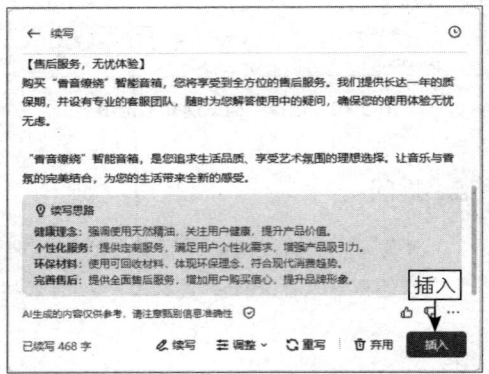

图 3-12　选择"续写"选项　　　　　图 3-13　单击"插入"按钮

步骤03 执行操作后，即可将AI续写的内容插入到文档中，相关回复内容如下。

WPS AI

【健康生活，自然相伴】
"香音缭绕"智能音箱不仅可以为您的生活带来艺术享受，更关注您的健康。采用天然植物精油，无化学添加，让每一次呼吸都充满自然的馈赠。特别设计的定时功能，确保香氛的释放既满足您的需求，又不会过度影响室内空气品质。

【个性化定制，满足不同需求】
每个人对香氛和音乐的喜好都不尽相同，"香音缭绕"智能音箱提供个性化的定制服务。您可以根据自己的喜好，选择不同的香氛和音乐组合，甚至上传您自己的音乐列表，打造属于您个人的专属空间。

【环保理念，绿色生活】
我们深知环保的重要性，因此在设计和制造过程中，"香音缭绕"智能音箱严格遵循环保标准。从包装到产品本身，我们都尽可能使用可回收材料，减少对环境的影响，让您在享受生活的同时，也为地球的未来尽一份力。

第3章 文档创作篇——AI写作助手

> 【售后服务，无忧体验】
> 购买"香音缭绕"智能音箱，您将享受到全方位的售后服务。我们提供长达一年的质保期，并设有专业的客服团队，随时为您解答使用中的疑问，确保您的使用体验无忧无虑。
> "香音缭绕"智能音箱，是您追求生活品质、享受艺术氛围的理想选择。让音乐与香氛的完美结合，为您的生活带来全新的感受。

3.2 AI 帮我改

在文档创作完成后，经常需要对文档内容进行修改或润色，WPS AI提供了"AI帮我改"功能，可以帮助用户提升文档的质量。本节将详细介绍AI的"润色""扩写""缩写""重写""语病修正"等功能。

3.2.1 AI润色：提升文本质量

让WPS AI对文本内容进行润色是一种高效且自动化的方法，它可以帮助用户提升文本质量和可读性。下面介绍让AI对文本内容进行润色的操作方法。

扫码看教学视频

步骤01 打开一个文档，其中是已经编写好的文本内容，选择正文内容，唤起WPS AI，在输入框下方的列表框中，选择"润色"|"快速润色"选项，如图3-14所示。

步骤02 稍等片刻，WPS AI即可改写内容，并提供润色思路，单击"替换"按钮，如图3-15所示。

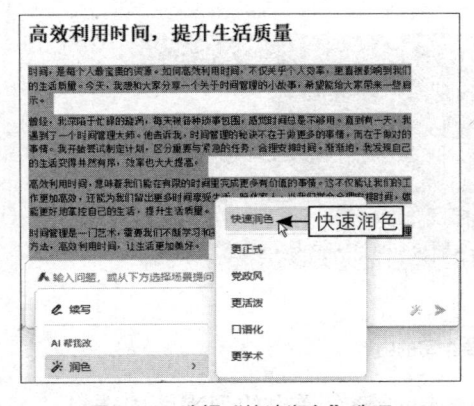

图3-14 选择"快速润色"选项　　　　图3-15 单击"替换"按钮

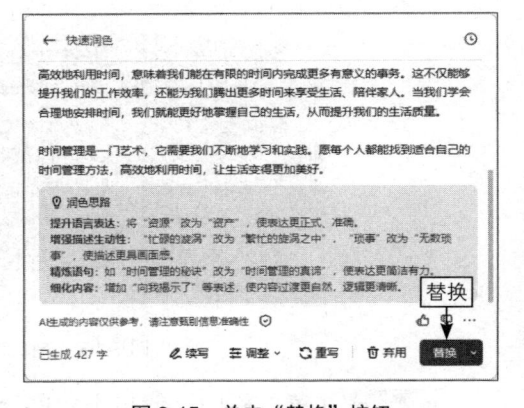

步骤03 执行操作后，即可将AI改写的内容替换到文档中，相关回复内容如下。

065

WPS AI

时间，是每个人最宝贵的资产。如何高效地利用时间，不仅关系到个人的做事效率，而且直接决定了我们的生活质量。今天，我想与大家分享一则关于时间管理的小故事，希望它能为你们带来一些启示。

曾经，我深陷于繁忙的旋涡之中，每天被无数琐事所包围，感觉时间总是捉襟见肘。直到某一天，我有幸遇见了一位时间管理专家。他向我揭示了时间管理的真谛：成功的时间管理不在于完成更多的事务，而在于专注于正确的事情。我开始尝试着制订计划，区分任务的轻重缓急，并合理地分配我的时间。随着时间的推移，我惊喜地发现自己的生活变得井井有条，效率也显著提升。

高效地利用时间，意味着我们能在有限的时间内完成更多有意义的事务。这不仅能够提升我们的工作效率，还能为我们腾出更多时间来享受生活、陪伴家人。当我们学会合理地安排时间以后，我们就能更好地掌握自己的生活，从而提升我们的生活质量。

时间管理是一门艺术，它需要我们不断地学习和实践。愿每个人都能找到适合自己的时间管理方法，高效地利用时间，让生活变得更加美好。

3.2.2 AI扩写：丰富内容细节

对于需要增加文章深度的用户，可以使用WPS AI的"扩写"功能，它能够根据所选内容生成更加详细的段落，丰富内容的细节，这一功能特别适合撰写需要深入分析的文档。下面介绍让AI扩写内容的操作方法。

步骤01 打开一个文档，其中是已经编写好的文本内容，选择需要扩写的内容，如图3-16所示。

> 远程工作在近年来变得越来越普遍，尤其是在全球疫情的推动下，它为员工提供了灵活的工作环境，减少了通勤时间，提高了生活质量。
>
> 然而，远程工作也带来了挑战，比如沟通不畅和工作与生活界限模糊等问题。为了应对这些挑战，许多公司开始采用高效的在线协作工具，以保持团队的高效沟通和项目管理。此外，设定明确的工作时间和休息时间，以及建立一个专门的工作空间，对于保持生产力和避免职业倦怠至关重要。 ← 选择
>
> 总的来说，远程工作需要自律、良好的时间管理和高效的沟通技巧，才能实现工作与生活的平衡。

图3-16 选择需要扩写的内容

步骤02 在菜单栏中，❶单击WPS AI按钮；❷在弹出的列表框中选择"AI帮我改"|"扩写"选项，如图3-17所示。

第3章　文档创作篇——AI写作助手

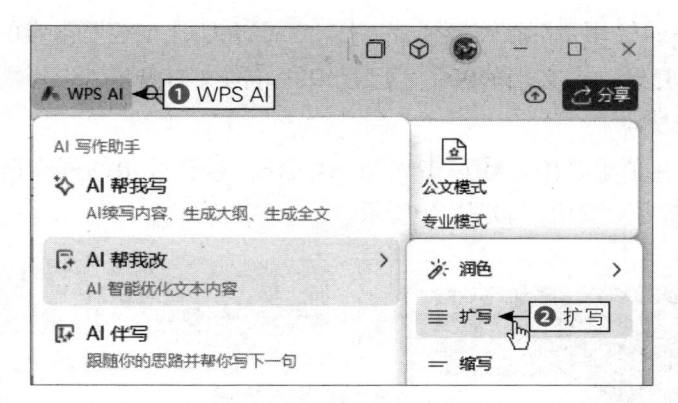

图 3-17　选择"扩写"选项

步骤 03　稍等片刻，WPS AI即可扩写内容，单击"替换"按钮，即可将AI扩写的内容替换到文档中，相关回复内容如下。

WPS AI

> 近年来，远程工作逐渐成为一种趋势，尤其是在全球疫情的推动下，它为员工提供了更为灵活的工作环境，显著减少了通勤时间，从而提高了生活质量。人们可以在家中的任何地方工作，不再受限于传统的办公室环境，这使得工作与生活的平衡变得更加容易实现。
> 然而，远程工作也带来了一些挑战。首先，沟通不畅是一个常见的问题，由于缺乏面对面的交流，信息传递可能会变得不够准确或及时。此外，工作与生活的界限变得模糊，员工可能会发现自己难以在工作时间和休息时间之间划清界限，导致职业倦怠和工作效率下降。
> 为了应对这些挑战，许多公司开始采用高效的在线协作工具，如Zoom、Slack和Trello等，以保持团队的高效沟通和项目管理。这些工具不仅能够帮助团队成员实时交流，还能够跟踪项目进度，确保任务按时完成。此外，设定明确的工作时间和休息时间，以及建立一个专门的工作空间，对于保持生产力和避免职业倦怠至关重要。工作空间的设立可以帮助员工在心理上将工作与生活区分开来，从而更好地专注于工作任务。
> 总的来说，远程工作需要自律、良好的时间管理和高效的沟通技巧，这样才能实现工作与生活的平衡。员工需要学会自我管理，合理安排工作计划，同时也要保持与团队的有效沟通。只有这样，远程工作才能真正发挥其优势，为员工和公司带来双赢的局面。

3.2.3　AI缩写：提炼核心内容

WPS AI的"缩写"功能可以有效提炼文档中的核心观点，帮助用户简化信息。通过缩写，用户能够在保持信息完整的前提下，获得更

067

加简洁的文本，适用于汇报或摘要等工作。下面介绍让AI缩写内容的操作方法。

步骤01 打开一个文档，其中是已经编写好的文本内容，选择需要缩写的内容，如图3-18所示。

步骤02 在菜单栏中，❶单击WPS AI按钮；❷在弹出的列表框中选择"AI帮我改"|"缩写"选项，如图3-19所示。

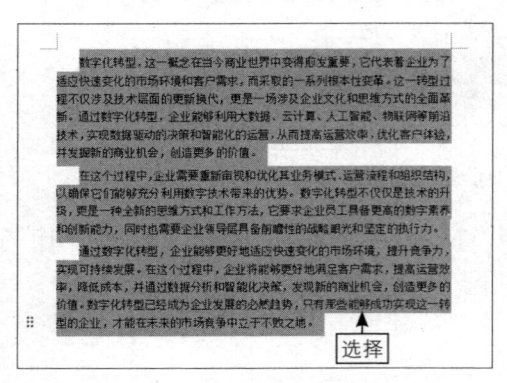

图 3-18　选择需要缩写的内容　　　　图 3-19　选择"缩写"选项

步骤03 稍等片刻，WPS AI即可缩写内容，单击"替换"按钮，即可将AI缩写的内容替换到文档中，相关回复内容如下。

WPS AI

数字化转型是企业适应市场和客户需求变化的关键变革，它不仅包括技术更新，还涉及文化和思维的全面革新。利用大数据、云计算等技术，企业可以实现数据驱动的决策和智能化运营，提高效率，优化客户体验，发掘新商机。企业需要审视和优化业务模式、流程和组织结构，以充分利用数字技术优势。数字化转型要求员工具备高数字素养和创新能力，领导层需要有战略眼光和执行力。成功转型的企业将提升竞争力，实现可持续发展，并在市场中保持优势。

3.2.4　AI重写：改善表达风格

当文本的表达风格不符合预期时，WPS AI的"重写"功能可以根据用户的需求重新调整文本的结构和用词，确保文档在风格上的一致性。下面介绍让AI重写内容的操作方法。

扫码看教学视频

步骤01 打开一个文档，其中是已经编写好的文本内容，选择需要重写的内容，如图3-20所示。

第3章 文档创作篇——AI写作助手

步骤02 在菜单栏中，❶单击WPS AI按钮；❷在弹出的列表框中选择"AI帮我改"|"重写"选项，如图3-21所示。

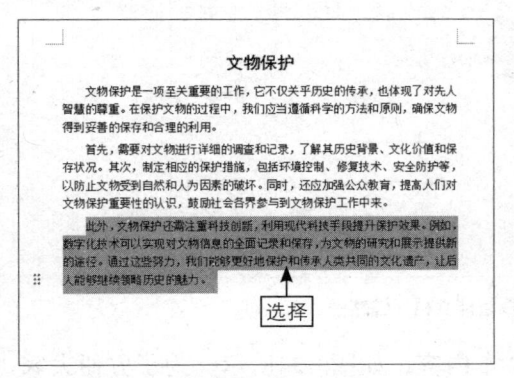

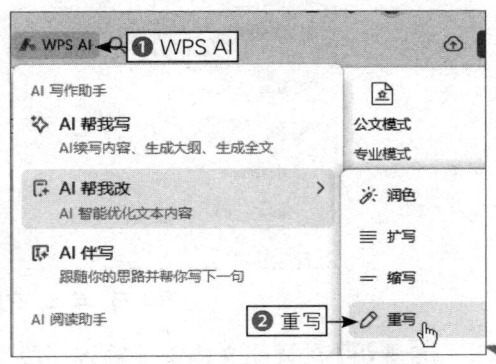

图 3-20 选择需要重写的内容　　　　图 3-21 选择"重写"选项

步骤03 稍等片刻，WPS AI即可重写内容，单击"替换"按钮，即可将AI重写的内容替换到文档中，相关回复内容如下。

WPS AI

此外，文物的保护工作也应重视科技的创新运用，通过现代科技工具来提高保护工作的效果。例如，采用数字化技术，能够对文物信息进行全方位的记录和保存，为文物的研究和展示提供新的方法。通过这些行动，我们能够更有效地保护和继承人类共同的文化遗产，让后代能够继续体验历史的迷人之处。

3.2.5 AI语病修正：识别和改正错误

在WPS的智能文档中，为用户提供了"语病修正"功能，当用户不确定文档中是否存在语法错误或错别字时，使用该功能，AI能够自动检测、识别出错误并及时改正错误，具体操作如下。

扫码看教学视频

步骤01 打开WPS Office，❶单击"新建"按钮；❷在弹出的"新建"面板中单击"智能文档"按钮，如图3-22所示。

步骤02 进入"新建智能文档"界面，单击"空白智能文档"

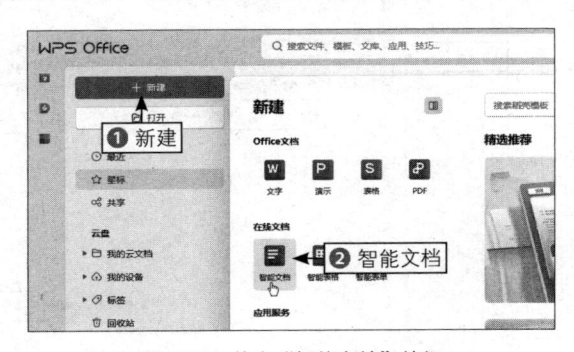

图 3-22 单击"智能文档"按钮

069

缩略图，如图3-23所示，即可新建一个WPS智能文档。

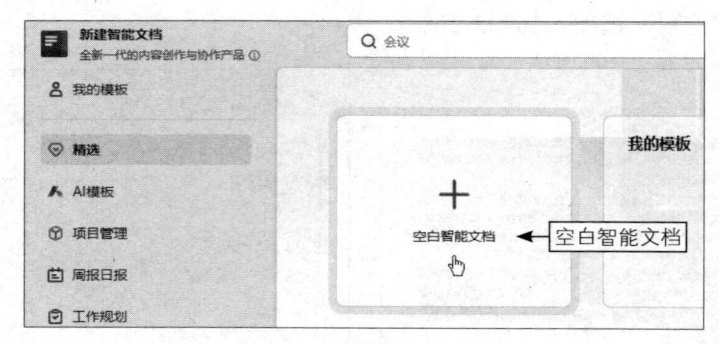

图 3-23 单击"空白智能文档"缩略图

步骤03 在智能文档中，输入一段文本内容，如图3-24所示。为了方便大家更直观地了解"AI语病修正"功能的作用，这里输入的文本中有几个错别字，例如"春天倒了"的"倒"、"竟相绽放"的"竟"、"五彩宾纷"的"宾"。

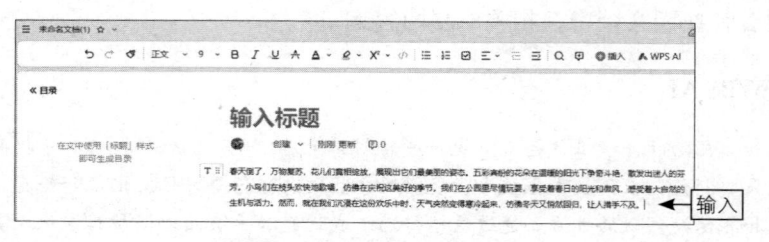

图 3-24 输入一段文本内容

步骤04 ❶选择输入的文本内容，弹出悬浮面板；❷单击"AI帮我改"下拉按钮；❸在弹出的下拉列表框中选择"语病修正"选项，如图3-25所示。

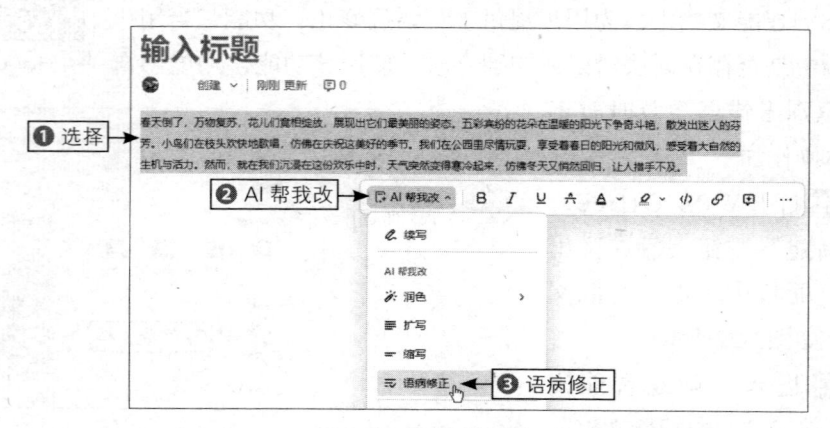

图 3-25 选择"语病修正"选项

第3章　文档创作篇——AI写作助手

步骤 05 执行操作后，WPS AI即可识别并修改错误内容，单击"替换"按钮，即可获得AI修改后的内容，相关回复内容如下。

> **WPS AI**
>
> 春天到了，万物复苏，花儿们竞相绽放，展现出它们最美丽的姿态。五彩缤纷的花朵在温暖的阳光下争奇斗艳，散发出迷人的芬芳。小鸟们在枝头欢快地歌唱，仿佛在庆祝这美好的季节。我们在公园里尽情玩耍，享受着春日的阳光和微风，感受着大自然的生机与活力。然而，就在我们沉浸在这份欢乐中时，天气突然变得寒冷起来，仿佛冬天又悄然回归，让人措手不及。

3.3　其他AI功能

除了基本的"AI帮我写"和"AI帮我改"功能，WPS AI还提供了一系列其他实用的AI功能，以满足用户在文档创作过程中的多样需求。本节将向大家详细介绍其他的AI功能，帮助大家在使用WPS AI办公时能更加得心应手。

3.3.1　AI伴写：实时协助撰写

在用户进行写作时，"AI伴写"功能可以跟随用户的思路帮用户撰写下一句，帮助用户快速生成文本内容，同时润色语言和进行创意激发，使写作过程更加流畅和高效，提高写作效率。下面介绍让AI实时协助撰写的操作方法。

步骤 01 新建一个文档，在菜单栏中，❶单击WPS AI按钮；❷在弹出的列表框中选择"AI伴写"选项，如图3-26所示。

步骤 02 执行操作后，即可弹出"AI伴写"面板，同时开启"AI伴写"功能，如图3-27所示。

☆ 专家提醒 ☆

在"AI伴写"面板中，单击"角色"下方的卡片或下拉按钮，可以更换写作角色。例如，"通用"角色适用于多种写作内容；"行政"角色适用于撰写通知、行政规定等；"教师"角色适用于撰写教案、学生评语等；"运营"角色适用于撰写融媒体文案、运营方案等。

此外，单击"参考资料"下方的卡片，即可上传资料文档或网址，以便AI伴写的内容更符合用户的需求。

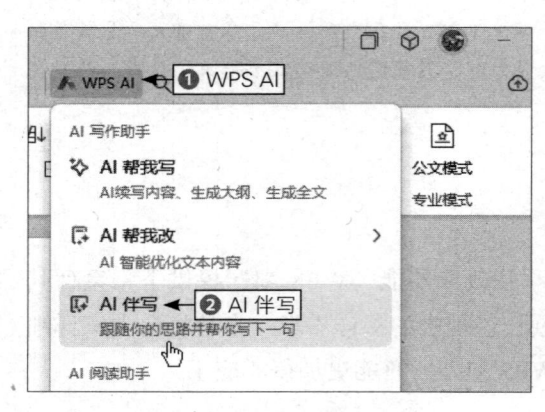

图 3-26 选择"AI 伴写"选项　　　　图 3-27 开启"AI 伴写"功能

步骤 03 在文档中，❶输入一段文本内容；❷停止输入内容时将显示灰色的文字，这便是AI自动续写的内容，如图3-28所示。

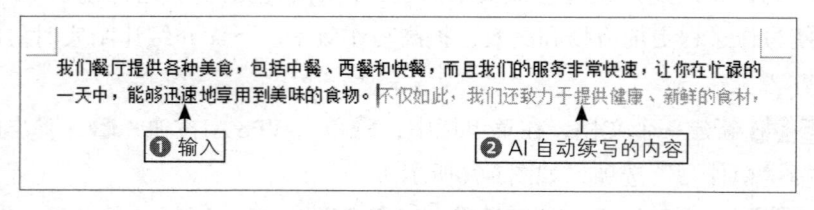

图 3-28 显示 AI 自动续写的内容

☆ 专家提醒 ☆

启用"AI伴写"功能写作时，当光标停留在段末时，AI将伴随用户的构思提供续写建议。此时，按下【Tab】键，即可采用续写内容；按下【Esc】键，即可放弃续写内容；按下【Alt+↓】组合键，即可生成更多内容，享受文思泉涌的写作快感。

步骤 04 按下【Alt+↓】组合键，弹出相应的面板，其中显示了AI生成的更多内容，用户可以根据需要选择对应的内容，如图3-29所示。执行操作后，即可将所选内容插入文档中。

第3章 文档创作篇——AI写作助手

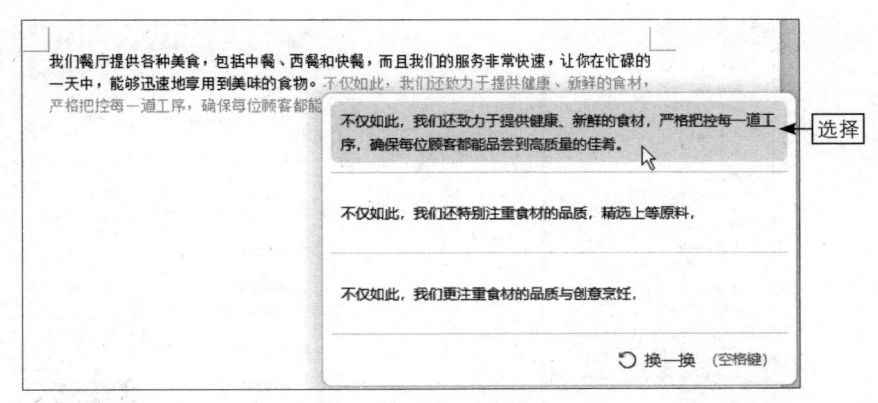

图3-29 选择对应的内容

3.3.2 AI排版：美化文档结构

扫码看教学视频

在WPS文档中，使用AI技术可以一键对文档内容进行排版。例如，排版一份工作方案，WPS AI能够根据文档内容自动进行段落划分、标题设置、字体调整等，使文档结构更加清晰，提升阅读体验，具体操作方法如下。

步骤01 打开一个WPS文档，要通过WPS AI对文档内容进行一键排版，先在菜单栏中单击WPS AI按钮，如图3-30所示。

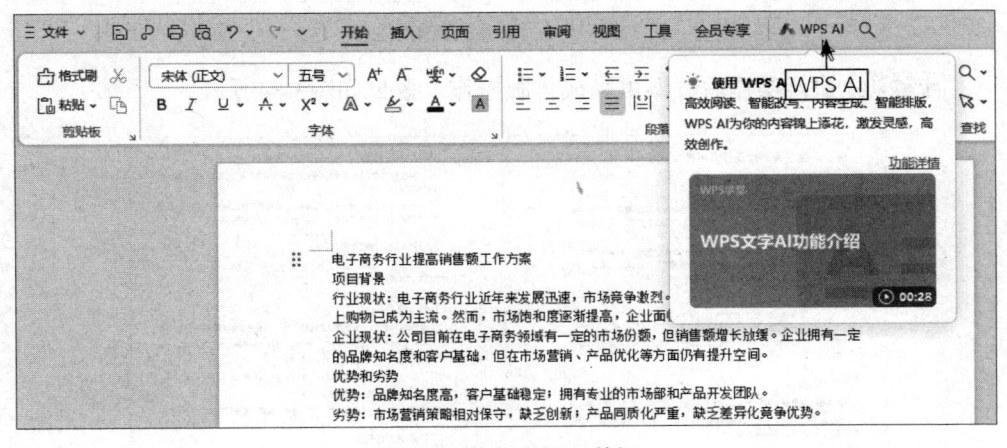

图3-30 单击WPS AI按钮

步骤02 弹出列表框，选择"AI排版"选项，如图3-31所示。

步骤03 弹出"AI排版"面板，单击"通用文档"中的"开始排版"按钮，如图3-32所示。

073

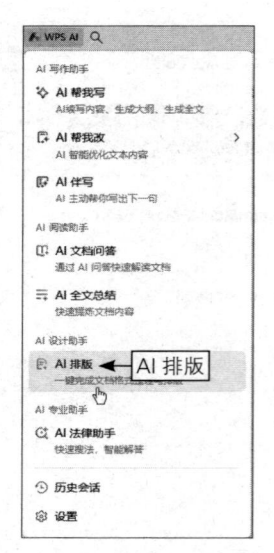

图 3-31　选择"AI 排版"选项　　　　图 3-32　单击"开始排版"按钮

步骤 04　稍等片刻，即可开始排版，并弹出相应的面板，单击"应用到当前"按钮，如图3-33所示。

图 3-33　单击"应用到当前"按钮

步骤 05　执行操作后，即可完成排版操作，效果如图3-34所示。

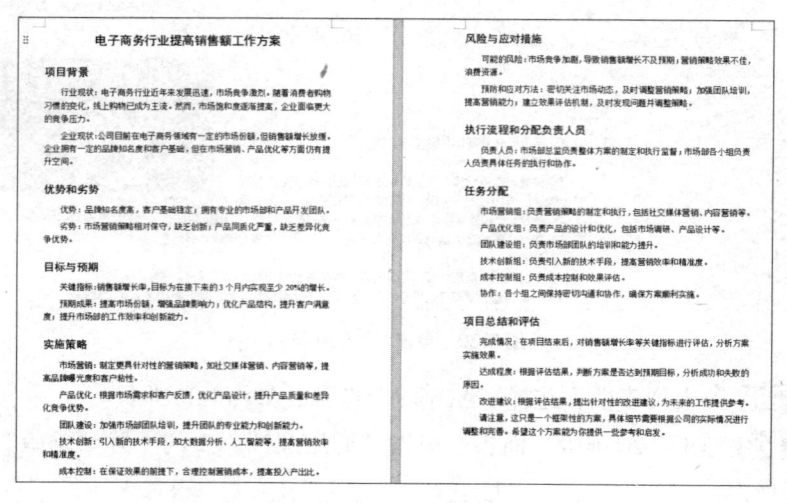

图 3-34　AI 排版效果

3.3.3 AI法律助手：快速搜法与解答

在WPS中，"AI法律助手"功能可以快速搜法、智能解答法律方面的疑虑，为用户提供快速、准确的法律信息查询、法律文书自动生成、合同审查、风险评估及法律咨询服务，帮助用户节省时间，提高工作效率，同时减少因人为疏忽导致的错误。

AI法律助手通过自然语言处理和机器学习技术，能够理解复杂的法律问题，并提供基于大数据分析的建议。对于非专业人士，AI法律助手是一个易于访问的法律知识来源，有助于普及法律知识，提高公众的法律意识。下面介绍"AI法律助手"功能的使用方法。

步骤01 新建一个文档，在菜单栏中，❶单击WPS AI按钮；❷在弹出的列表框中选择"AI法律助手"选项，如图3-35所示。

步骤02 执行操作后，弹出"AI法律助手"面板，如图3-36所示。在输入框中可以输入法律相关问题，也可以输入生成法律文件的指令，让AI生成相应的内容。

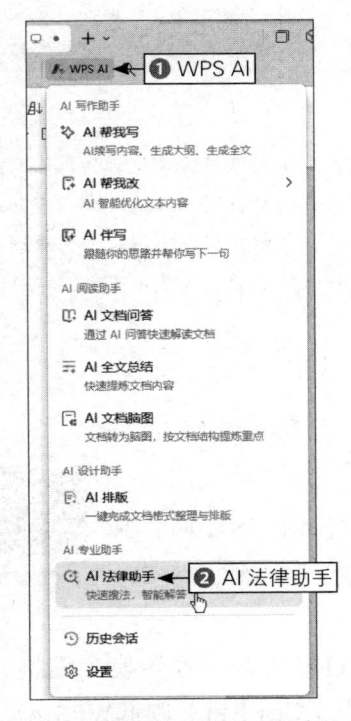

图 3-35　选择"AI 法律助手"选项 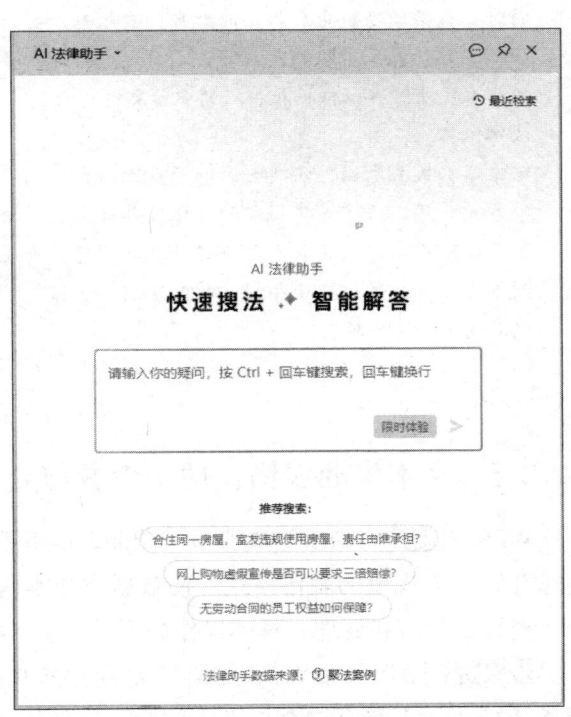　　　图 3-36　弹出"AI 法律助手"面板

步骤 03 这里在输入框中输入法律相关问题，单击➤按钮，即可获得AI生成的回复，相关指令及回复内容如下。

提问

向法院请求保护民事权利的诉讼时效为多久？

WPS AI

向法院请求保护民事权利的诉讼时效期间一般为三年。法律另有规定的，依照其规定。自权利受到损害之日起超过二十年的，人民法院不予保护，有特殊情况的，人民法院可以根据权利人的申请决定延长。

问题分析

诉讼时效是指权利人在法定期间内不行使权利即丧失请求人民法院依法保护其民事权利的法律制度。根据提供的法律资料：

《中华人民共和国民法典》第一百八十八条规定，向人民法院请求保护民事权利的诉讼时效期间为三年。法律另有规定的，依照其规定。

同时，该条款还规定，诉讼时效期间自权利人知道或者应当知道权利受到损害以及义务人之日起计算。自权利受到损害之日起超过二十年的，人民法院不予保护，有特殊情况的，人民法院可以根据权利人的申请决定延长。

法律依据

《中华人民共和国民法典》第一百八十八条：向人民法院请求保护民事权利的诉讼时效期间为三年。法律另有规定的，依照其规定。诉讼时效期间自权利人知道或者应当知道权利受到损害以及义务人之日起计算。法律另有规定的，依照其规定。但是，自权利受到损害之日起超过二十年的，人民法院不予保护，有特殊情况的，人民法院可以根据权利人的申请决定延长。

……

3.3.4 文本生成表格：便于查看与分析

WPS AI支持"文本生成表格"功能，能够智能识别文本中的关键信息并转换为规范的表格格式，使数据或文本内容更加清晰、有序，便于查看、分析和处理，具体操作如下。

步骤 01 打开一个WPS文档，要利用WPS AI将文本内容转换为表格，❶按【Ctrl+A】组合键全选文本内容，连续按两下【Ctrl】键，唤起WPS AI；

第3章 文档创作篇——AI写作助手

❷在输入框下方的列表框中选择"更多AI功能"|"文本生成表格"选项，如图3-37所示。

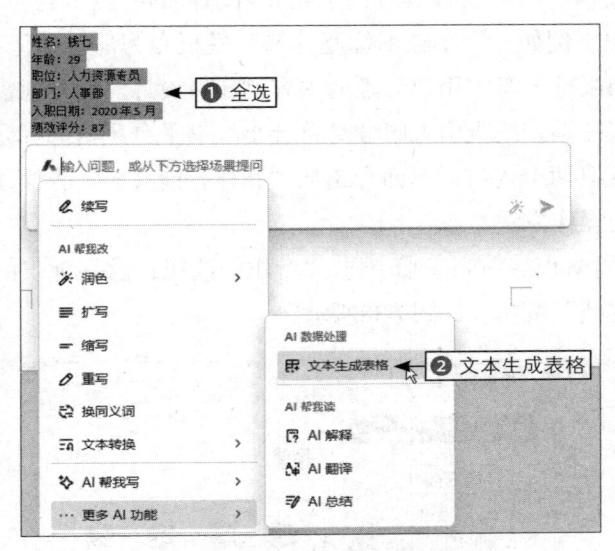

图3-37 选择"文本生成表格"选项

步骤02 执行操作后，即可切换为"文本生成表格"模式，在输入框中会自动输入指令，发送指令后即可获得AI转换的表格，相关指令和回复内容如下。

😀 提问

请把选中文本转换为表格。

▲ WPS AI

员工信息表					
姓名	年龄	职位	部门	入职日期	绩效评分
张三	28	研发工程师	技术部	2020年1月	85
李四	32	产品经理	产品部	2019年3月	90
王五	25	市场专员	市场部	2021年6月	88
赵六	30	财务主管	财务部	2018年9月	92
钱七	29	人力资源专员	人事部	2020年5月	87

077

3.3.5　AI模板入口1：小红书标题脑暴

WPS智能文档中的AI模板具有标准化和自动化的特点，它简化了文档编辑的过程。例如，"小红书标题脑暴"模板专为那些希望在小红书平台上吸引眼球、激发用户兴趣的内容创作者设计。用户只需输入关键词，AI便会自动生成一系列既吸引人眼球又符合小红书平台风格的标题。

使用AI模板有两个入口，下面介绍从"新建智能文档"界面使用"小红书标题脑暴"模板的操作方法。

步骤01 打开WPS Office，❶单击"新建"按钮；❷在弹出的"新建"面板中单击"智能文档"按钮，如图3-38所示。

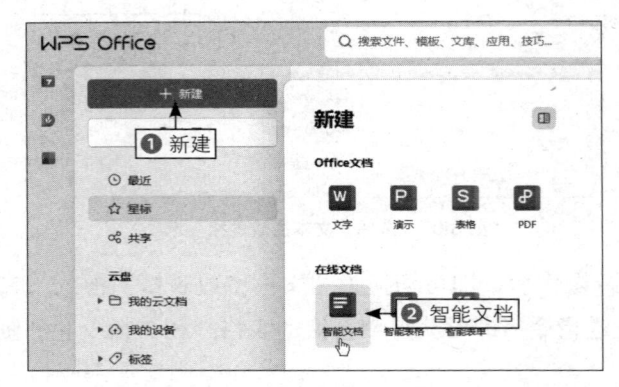

图 3-38　单击"智能文档"按钮

步骤02 进入"新建智能文档"界面，单击"AI模板"右侧的"查看更多"按钮，如图3-39所示。

图 3-39　单击"查看更多"按钮

第3章 文档创作篇——AI写作助手

步骤03 进入"AI模板"选项卡，选择"小红书标题脑暴"模板，如图3-40所示。

图 3-40 选择"小红书标题脑暴"模板

步骤04 执行操作后，即可使用"小红书标题脑暴"模板，文档右侧会弹出"AI模板设置"面板，文档中会显示示例内容，如图3-41所示。

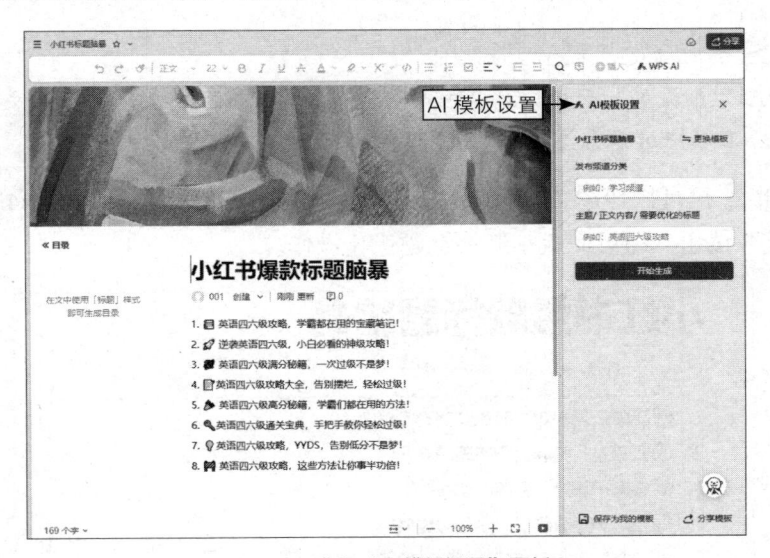

图 3-41 弹出"AI 模板设置"面板

步骤05 在"AI模板设置"面板中，根据需要输入"发布频道分类"和"主题/正文内容/需要优化的标题"，这里分别输入"宠物频道"和"猫咪日常护理知识"，如图3-42所示。

步骤06 单击"开始生成"按钮,弹出"是否重新生成"对话框,提示当前文档中的示例内容将会被删除,单击"确定"按钮,如图3-43所示。

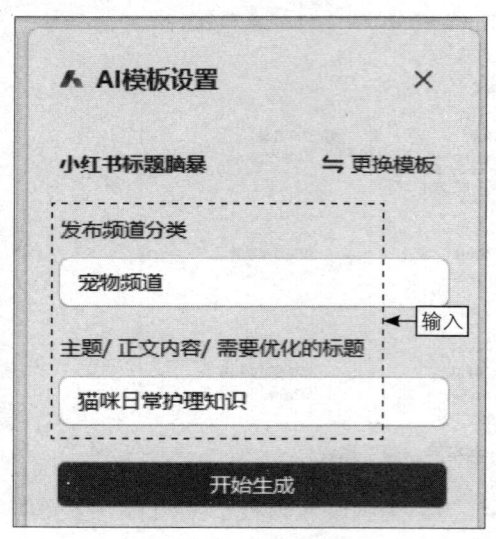

图3-42 输入相应的内容

图3-43 单击"确定"按钮

☆ 专 家 提 醒 ☆

在"AI模板设置"面板中,单击"更换模板"按钮,将打开"金山文档·模板库"面板,在其中选择需要的AI模板,即可进行更换。

步骤07 执行操作后,AI即可生成多个小红书爆款标题,如图3-44所示。单击"完成"按钮,即可完成小红书标题优化操作。

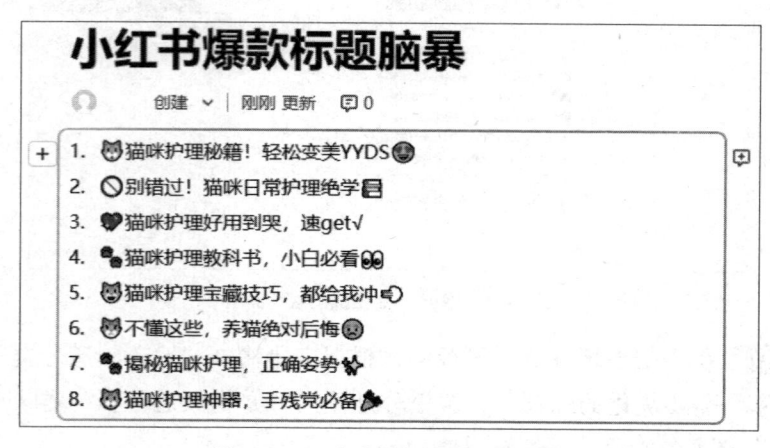

图3-44 AI生成多个小红书爆款标题

3.3.6 AI模板入口2：产品卖点脑暴

"产品卖点脑暴"模板专门为那些希望深入挖掘产品特点和优势的用户设计。用户只需输入相关关键词，AI便会自动生成一系列创意标题和卖点，帮助用户有效地展示产品价值，提升市场竞争力。这一模板不仅节省了创作时间，还确保内容富有吸引力，适应不同营销渠道的需求。

下面介绍使用AI模板的另一个入口，即从智能文档中打开模板库，使用"产品卖点脑暴"模板的操作方法。

步骤01 新建一个WPS智能文档，单击"模板"按钮，如图3-45所示。

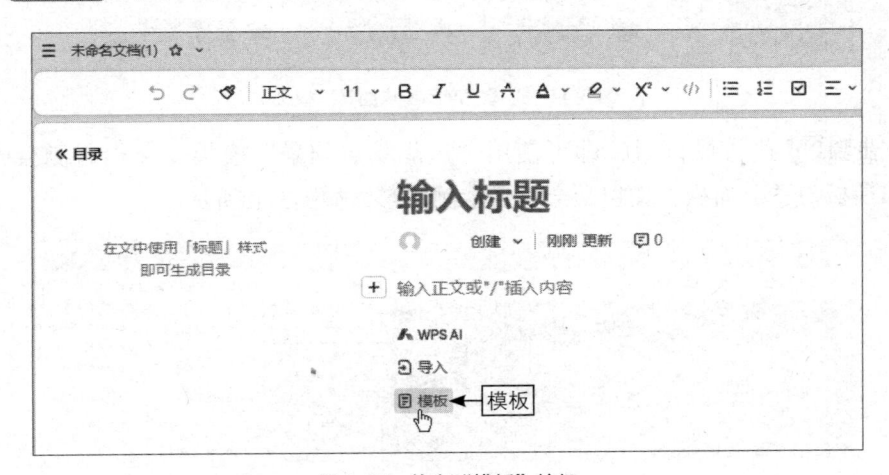

图 3-45　单击"模板"按钮

步骤02 文档下方会弹出"推荐模板"面板，单击"更多模板"缩略图，如图3-46所示。

图 3-46　单击"更多模板"缩略图

步骤03 弹出"金山文档·模板库"面板，在"AI模板"选项卡中，选择"产品卖点脑暴"模板，如图3-47所示。

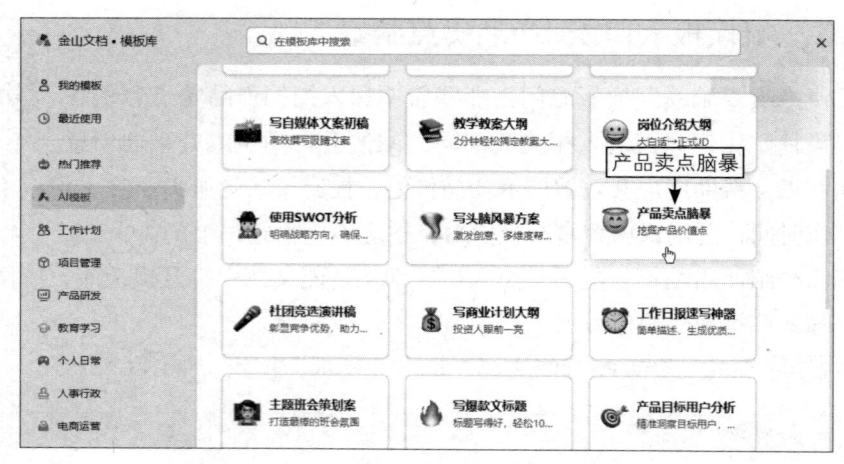

图3-47 选择"产品卖点脑暴"模板

步骤04 执行操作后，即可使用"产品卖点脑暴"模板，文档右侧会弹出"AI模板设置"面板，文档中会显示示例内容，如图3-48所示。

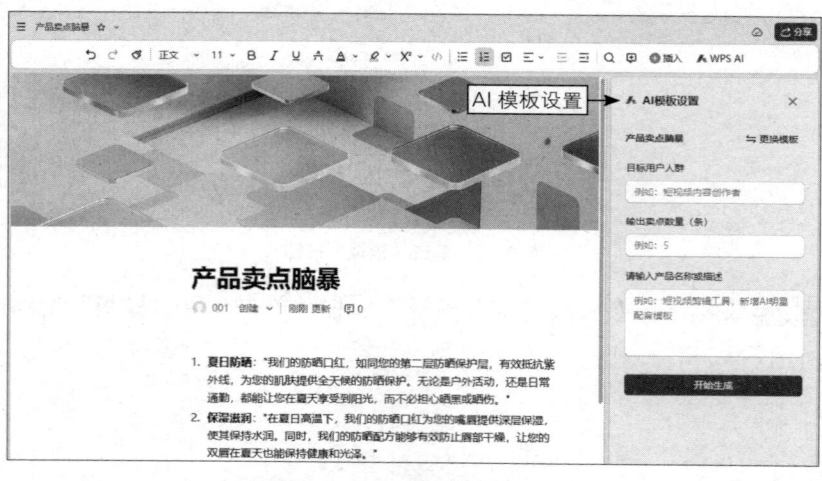

图3-48 弹出"AI模板设置"面板

步骤05 在"AI模板设置"面板中，根据需要输入"目标用户人群""输出卖点数量（条）"和"请输入产品名称或描述"，这里分别输入"关注健康生活的人群"、"5"和"智能健康手环，集成心率监测、睡眠追踪和运动模式"，如图3-49所示。

步骤06 单击"开始生成"按钮，弹出"是否重新生成"对话框，提示当前文档中的示例内容将会被删除，单击"确定"按钮，如图3-50所示。

第3章 文档创作篇——AI写作助手

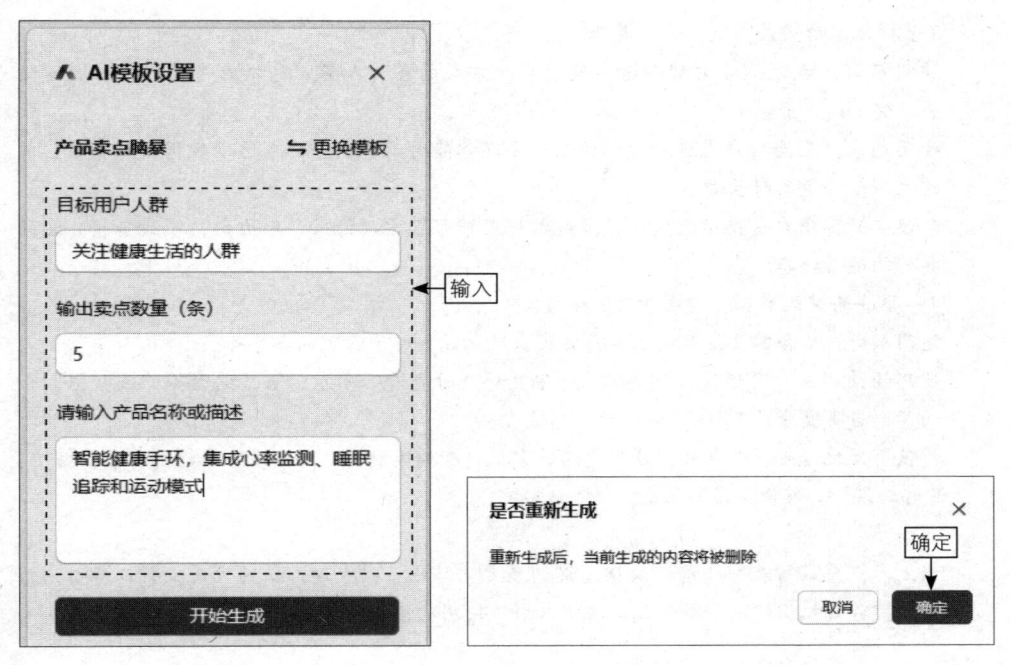

图3-49 输入相应内容　　　　图3-50 单击"确定"按钮

步骤 07 执行操作后，AI即可生成产品卖点，单击"完成"按钮，即可完成产品卖点生成操作，AI生成的产品卖点内容如下。

WPS AI

基于您提供的关键词，以下是关于智能健康手环的5条产品卖点总结，旨在吸引并生动形象地告知关注健康生活的人群该产品的适用人群、使用场景及价值。

1.全天候心率守护，健康尽在掌握

适用人群：适合关心自身心脏健康、有运动习惯的成年人及老年人。

使用场景：无论是在静息状态、工作中还是在运动时，手环都能实时监测心率变化，及时发现异常并提醒用户。

价值：帮助用户及时了解心脏状况，预防潜在的健康风险，为健康生活保驾护航。

2.深度睡眠追踪，提升睡眠质量

适用人群：适合睡眠质量不佳、工作压力大、有睡眠障碍的人群。

使用场景：每晚佩戴手环入睡，自动记录并分析睡眠周期，包括深睡、浅睡和REM阶段。

价值：通过数据分析，帮助用户了解睡眠习惯，提供改善建议，从而优化睡眠结构，提升睡眠质量。

083

3.多样化运动模式，激发运动潜能

适用人群：适合热爱运动、追求健康生活方式的各种人群，包括跑步爱好者、游泳健将、健身达人等。

使用场景：无论用户在进行哪种运动，手环都能自动识别并记录运动数据，如步数、卡路里消耗、运动时长等。

价值：激励用户保持运动习惯，通过数据反馈了解运动效果，助力用户挑战自我，达到更好的运动状态。

4.一键查看健康数据，健康管理更便捷

适用人群：适合需要定期关注自身健康状况、注重健康管理的各年龄层人群。

使用场景：用户可通过手环屏幕或手机App随时查看心率、睡眠、运动等健康数据，全面了解自身健康状况。

价值：简化健康管理流程，让用户随时掌握自身健康数据，为健康决策提供科学依据。

5.时尚设计，健康生活新风尚

......

以上卖点总结旨在突出智能健康手环的差异化特征，以生动形象的方式吸引目标用户的关注，并让他们清晰了解产品的适用人群、使用场景及价值。

本章小结

本章主要介绍了WPS的AI写作助手在文档创作中的应用，首先介绍了"AI帮我写"功能，重点阐述了如何通过输入问题获取AI回复内容，以及场景提问、快速起草和AI续写的方法。然后详细介绍了"AI帮我改"的一系列功能，分析了AI在文档修改方面的功能，包括润色、扩写、缩写和重写。最后介绍了其他AI辅助功能，如AI伴我写、AI排版和AI法律助手等，展示了如何利用WPS AI全面提升文档创作和编辑效率。

课后实训

鉴于本章知识的重要性，为了帮助读者更好地掌握所学知识，本节将通过课后实训，帮助读者进行简单的知识回顾和补充。

扫码看教学视频

实训任务：打开WPS文字文档，唤起WPS AI，根据前文所学，生成一份讲话稿，相关指令及回复内容如下。

提问

请围绕[培养积极心态]这一主题写一篇面向[高中生]的讲话稿，内容要求为[使用恰当的修辞手法，语言生动]。

WPS AI

培养积极心态：高中生的必修课

亲爱的同学们：

在这个充满挑战与机遇的时代，你们正站在人生关键的十字路口。作为高中生，你们正处在成长的黄金时期，培养一个积极的心态，不仅是你们的必修课，更是通往成功之路的钥匙。

积极心态，如同一盏明灯，照亮你们前行的道路。它能帮助你们在困难面前不屈不挠，将挑战转化为成长的阶梯。记住，每一次跌倒，都是为了更好地站起来。

积极心态，是一种力量，它能激发你们的潜能，让你们在学习中不断超越自我。它让你们在面对失败时，能够坦然接受，从错误中吸取教训，变得更加坚强。

积极心态，是一种智慧，它教会你们如何在复杂多变的社会中保持清醒的头脑，如何在压力之下保持冷静，如何在竞争中保持自信。

积极心态，是一种态度，它让你们在日常生活中，无论面对怎样的环境和条件，都能保持乐观向上，用积极的眼光看待世界，用积极的行动影响他人。

……

第4章
文档解读篇——AI 阅读助手

本章要点

在信息爆炸的时代，快速、准确地解读和处理文档成为提升工作效率的重要手段。本章将探讨WPS提供的AI阅读助手在文档解读中的应用，涵盖AI文档问答、AI全文总结和AI翻译与解释等内容，帮助用户更高效地解读文档资源。

第4章 文档解读篇——AI阅读助手

4.1 AI 文档问答

本节将介绍AI阅读助手中的"AI文档问答"功能，该功能可以使用户快速获取PDF文档和文字文档中的关键信息。通过自然语言处理技术，用户可以直接提出问题，AI将根据文档内容进行智能回答。

4.1.1 PDF对话问答：文章有哪些引用

在阅读PDF文档时，用户常常需要了解文章中的引用信息。WPS AI可以自动提取文档中的引用部分，并生成相应的回答。用户只需向AI提问，AI便会分析文档，列出所有引用的来源及相关信息。这不仅节省了时间，还提升了文献检索的准确性。

扫码看教学视频

步骤01 打开一篇PDF文章，部分内容如图4-1所示，下面通过与AI对话，让AI列出文章中的引用文献。

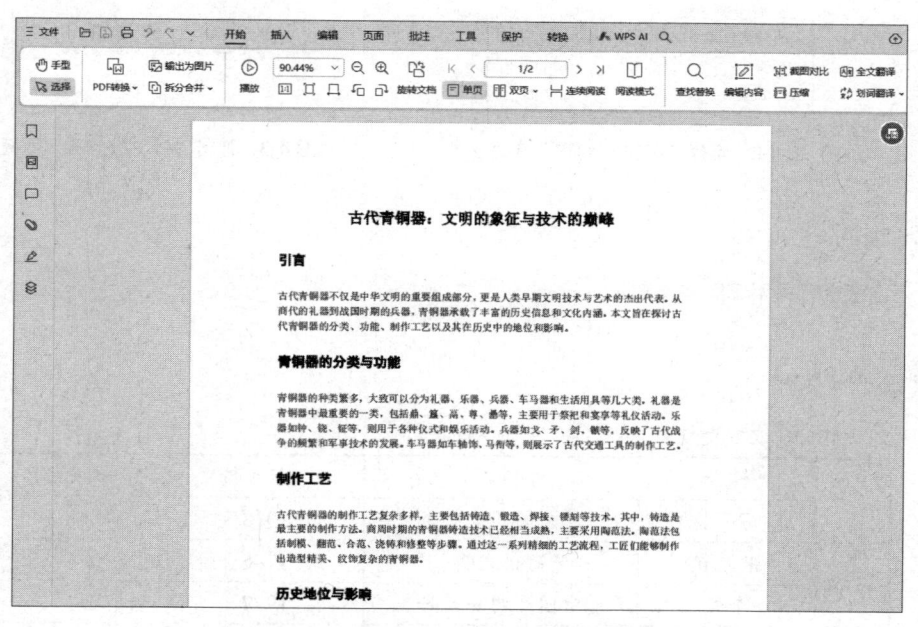

图 4-1　打开一篇 PDF 文章（部分内容）

步骤02 在菜单栏中，❶单击WPS AI按钮；❷在弹出的列表框中选择"AI文档问答"选项，如图4-2所示。

步骤03 执行操作后，弹出"AI文档问答"面板，如图4-3所示。

087

步骤04 在下方的输入框中，输入提问指令，单击➤按钮，即可获得AI阅读助手的回复内容，相关指令及回复内容如下。

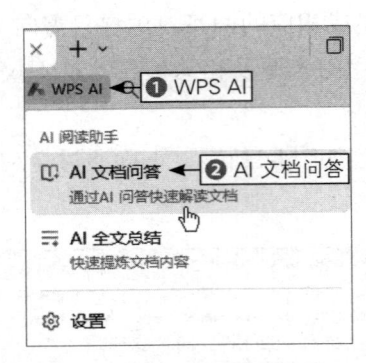

图 4-2 选择"AI 文档问答"选项

图 4-3 弹出"AI 文档问答"面板

提问

这篇文章引用了哪些文献？

WPS AI

文章引用了以下文献：

序号	作者	作品名称	出版年份	出版信息
1	马承源	《中国青铜器》	1988	—
2	张光直	《商代文明》	1986	—
3	李济	《中国文明的开始》	1977	—
4	梁思永，李济	《殷墟发掘报告》	1954	"中央研究院"历史语言研究所
5	朱凤瀚	《古代中国青铜器》	2009	—

相关原文
2页

4.1.2　PDF推荐问答：咨询感兴趣的问题

在WPS PDF中，"AI文档问答"为用户提供了"推荐相关问题"功能，可以推荐用户可能感兴趣的问题，用户可以通过选择推荐的问题向AI咨询，获得相关信息，具体操作如下。

步骤01 打开一篇PDF文章，部分内容如图4-4所示。

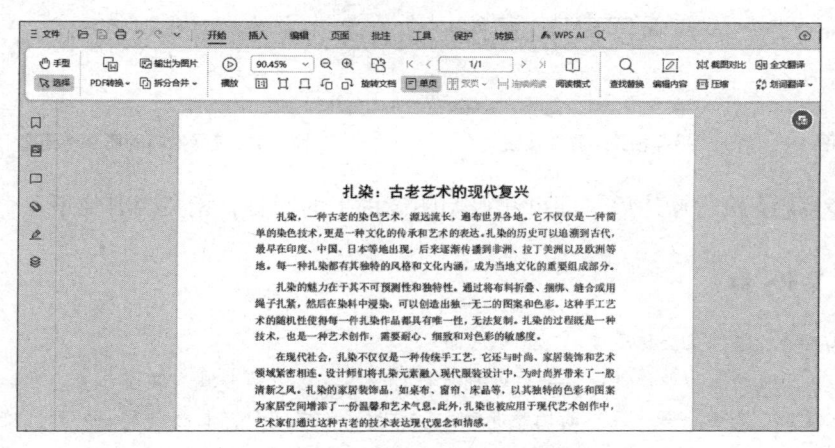

图4-4　打开一篇 PDF 文章（部分内容）

步骤02 在菜单栏中，❶单击WPS AI按钮；❷在弹出的列表框中选择"AI文档问答"选项，如图4-5所示。

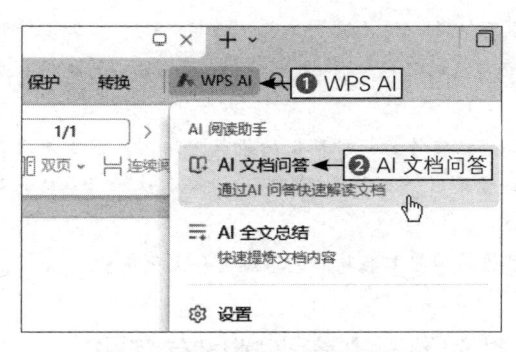

图4-5　选择"AI 文档问答"选项

步骤03 弹出"AI文档问答"面板，单击"推荐相关问题"按钮，如图4-6所示。

步骤04 执行操作后，AI即可回复推荐的相关问题，用户只需选择感兴趣的问题向AI咨询即可，这里选择推荐的第2个问题，如图4-7所示。

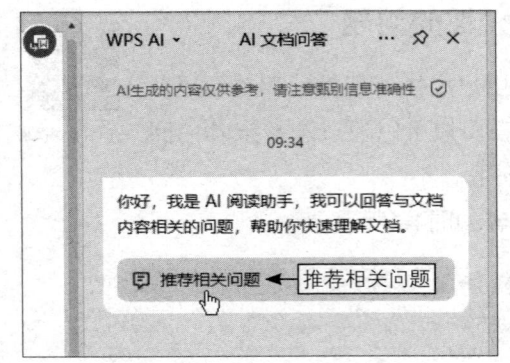

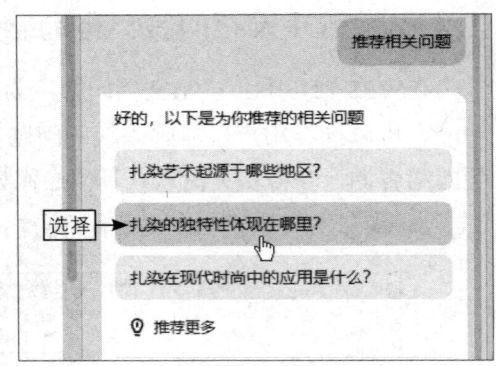

图4-6 单击"推荐相关问题"按钮　　　　图4-7 选择推荐的第2个问题

步骤05 执行操作后，即可获得AI阅读助手的回复，相关内容如下。

WPS AI

扎染的独特性主要体现在以下几个方面。
1.不可预测性和独特性：扎染通过将布料折叠、捆绑、缝合或用绳子扎紧，然后在染料中浸染，创造出独一无二的图案和色彩。这种手工艺术的随机性使得每一件扎染作品都具有唯一性，无法复制。
2.手工艺术的表达：扎染的过程既是一种技术，又是一种艺术创作，需要耐心、细致和对色彩的敏感度。这种手工艺术的创作过程赋予了扎染作品独特的艺术价值和文化意义。
3.文化传承：扎染不仅是一种传统手工艺，还与时尚、家居装饰和艺术领域紧密相关，成为当地文化的重要组成部分。每一种扎染都有其独特的风格和文化内涵，反映了不同地区的文化特色。
4.环保和可持续性：扎染作为一种环保的染色方法，不需要使用大量的化学染料，而是利用自然材料和植物染料，减少了对环境的污染。这种对自然的尊重和可持续性也是扎染独特性的一部分。
通过这些特点，扎染展现了其独特的艺术魅力和文化价值。

4.1.3 文字文档问答：文章高频词有哪些

在WPS文字文档中，可以使用AI阅读助手中的"AI文档问答"功能，让AI分析文档的章节和段落，然后根据提问内容进行解读并回复。例如，用户可以向AI询问文字文档中的高频词，AI会提供一份高频词清单，并进一步分析这些词汇在文中的重要性，具体操作如下。

第4章 文档解读篇——AI阅读助手

步骤01 打开一个文字文档，部分内容如图4-8所示。

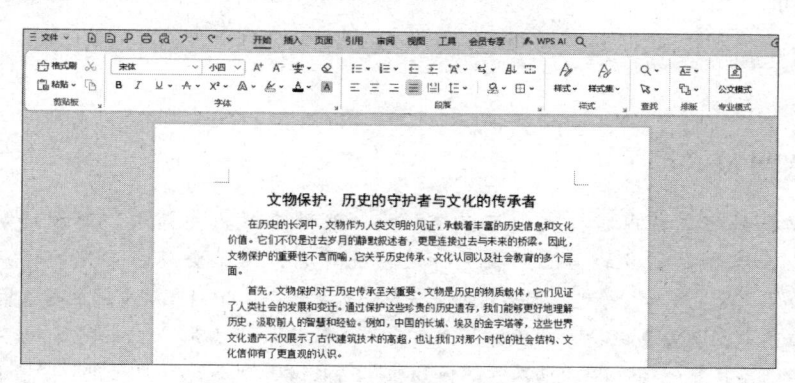

图4-8 打开一个文字文档（部分内容）

步骤02 在菜单栏中，❶单击WPS AI按钮；❷在弹出的列表框中选择"AI文档问答"选项，如图4-9所示。

步骤03 执行操作后，弹出"AI文档问答"面板，如图4-10所示。

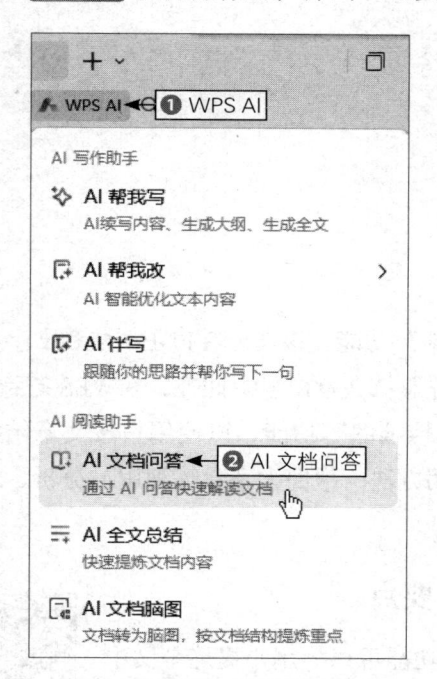

图4-9 选择"AI文档问答"选项

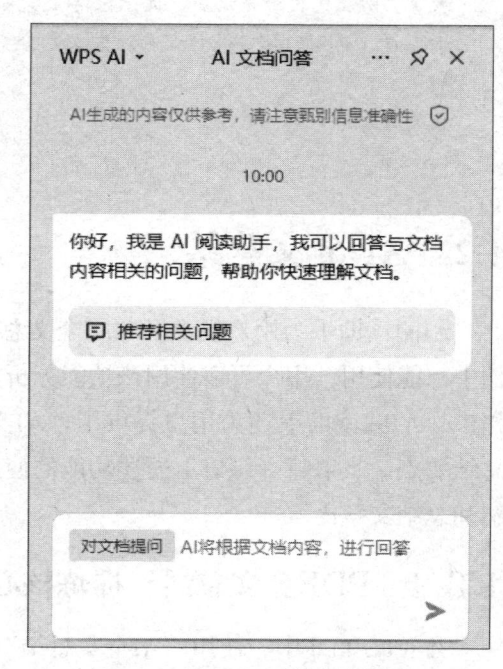

图4-10 弹出"AI文档问答"面板

步骤04 在下方的输入框中，输入提问指令，单击 ➤ 按钮，即可获得AI阅读助手的回复内容，相关指令及回复内容如下。

WPS AI智能办公应用技巧大全

🧑 提问

这篇文章的高频词有哪些？

🅰 WPS AI

根据提供的文档内容，我们可以进行词频统计来找出高频词。高频词是指在文档中出现次数较多的词汇。在进行词频统计时，通常会忽略常见的停用词（如"的""是""和"等），因为这些词虽然出现频率高，但对理解文档主题意义不大。

在文档中，"文物保护""历史""文化""传承""教育""社会""发展""文明""遗产""国际""世界""博物馆""旅游""公众""意识""责任""义务""认同""自信""流失""保护""重要""价值""技术""结构""信仰""象征""核心""法律""合作""增长""经济""活动""参与""交流""理解""凝聚力""瑰宝"等词汇出现频率较高。

这些词汇反映了文档的主题和重点，即文物保护的重要性、历史传承、文化认同、社会教育、防止文化资产流失、促进旅游业发展，以及提升公众意识等方面。

请注意，具体的词频统计需要通过文本分析工具或编程实现，这里仅提供了可能的高频词列表。

相关原文：
1页 2页

4.2 AI 全文总结

AI阅读助手为用户提供了"AI全文总结"功能，该功能在PDF文档和文字文档中都能使用，用户可以使用该功能分析并总结文章内容。此外，在WPS文字文档中，AI阅读助手还为用户提供了"AI文档脑图"功能，以便用户按文章结构总结要点。本节将介绍以上所述功能的使用方法，帮助大家熟练利用AI分析、理解和总结文章内容。

4.2.1 PDF全文总结：提炼核心要点

在WPS PDF中，使用"AI全文总结"功能可以为用户提炼全文中的核心要点，帮助用户理解文章、分析文章中的主题内容，为用户提供便捷的阅读体验，具体操作如下。

步骤01 打开一篇PDF文章，部分内容如图4-11所示，需要总结全文内容。

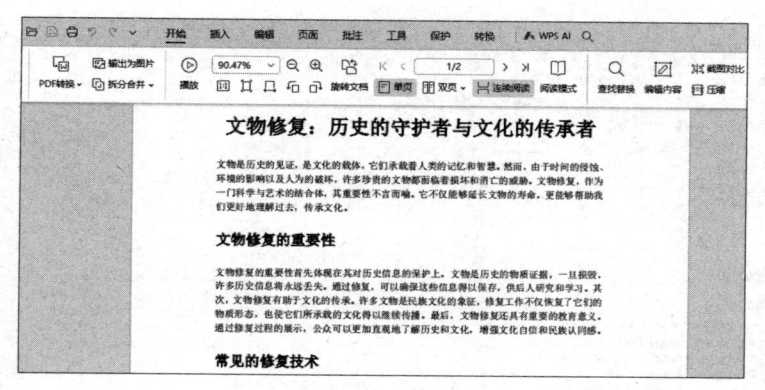

第4章 文档解读篇——AI阅读助手

图4-11 打开一篇PDF文章（部分内容）

步骤02 在菜单栏中，❶单击WPS AI按钮；❷在弹出的列表框中选择"AI全文总结"选项，如图4-12所示。

步骤03 执行操作后，弹出"AI全文总结"面板，其中显示了AI总结的要点内容，如图4-13所示。

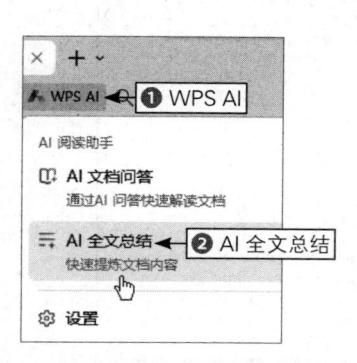

图4-12 选择"AI全文总结"选项 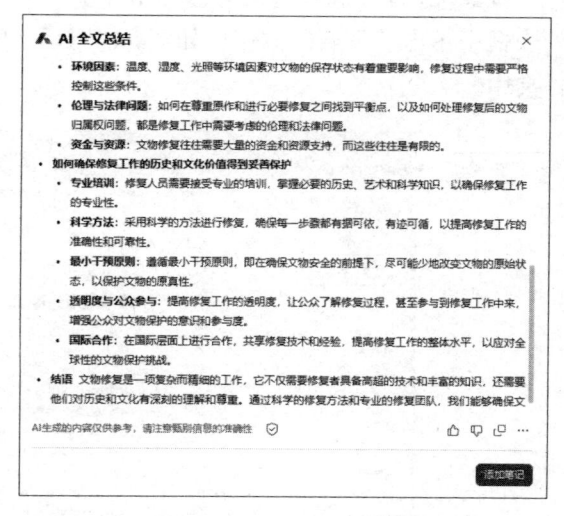　　图4-13 AI总结的要点内容

步骤04 在面板右下角单击按钮，可以复制AI总结的要点，并保存到文档或者记事本中。单击"添加笔记"按钮，即可弹出"笔记"面板，单击右上角的"导出"按钮，如图4-14所示，即可将笔记导出到云文档中。

步骤05 稍等片刻，即可在面板中提示导出成功，单击"立即打开"按钮，如图4-15所示。

093

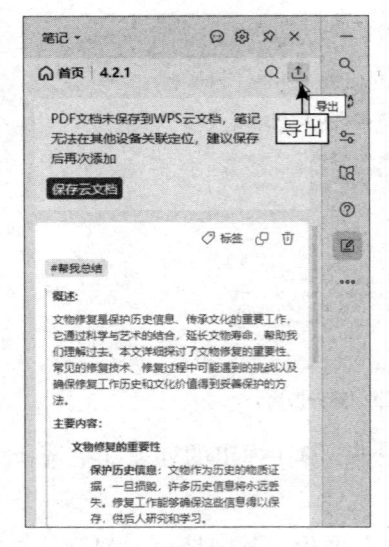

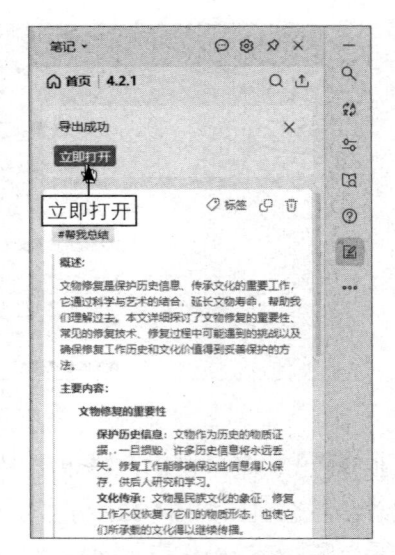

图 4-14　单击"导出"按钮　　　　　图 4-15　单击"立即打开"按钮

步骤06 打开摘录笔记，❶单击左上角的"文件操作"按钮≡；❷在弹出的列表框中单击"下载"按钮，如图4-16所示，即可将摘录笔记下载保存到本地文件夹中。

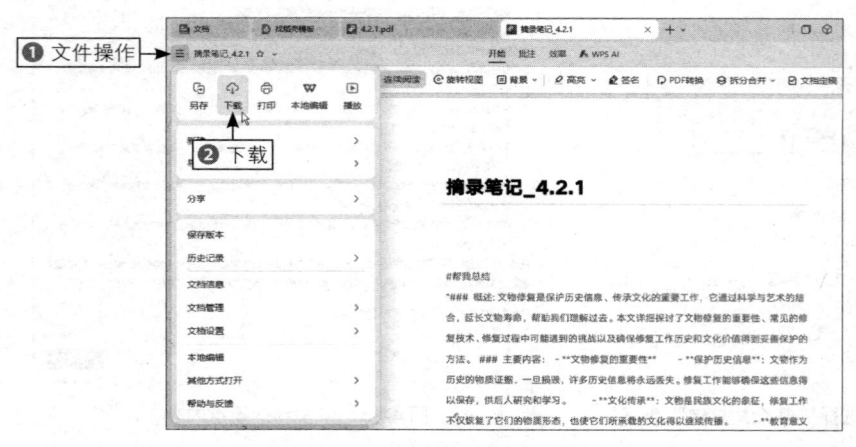

图 4-16　单击"下载"按钮

4.2.2　文字文档总结：快速提炼内容

在处理文字文档时，使用"AI全文总结"功能能够快速提炼文档内容，整合文档中的要点，生成一份简明扼要的总结。这项功能

第4章 文档解读篇——AI阅读助手

在撰写报告或准备演讲时尤为实用，可以确保用户能够清晰传达关键信息，具体操作如下。

步骤01 打开一个文字文档，部分内容如图4-17所示，这里需要总结全文内容。

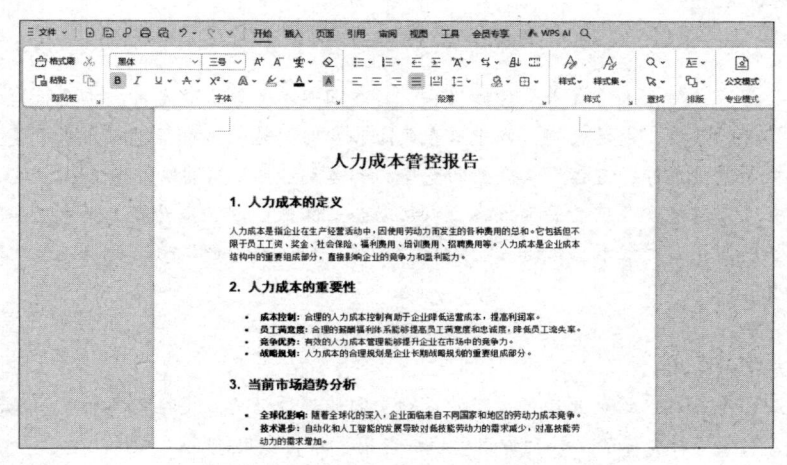

图4-17 打开一个文字文档（部分内容）

步骤02 在菜单栏中，❶单击WPS AI按钮；❷在弹出的列表框中选择"AI全文总结"选项，如图4-18所示。

步骤03 执行操作后，弹出"AI全文总结"面板，其中显示了AI总结的要点内容，如图4-19所示。

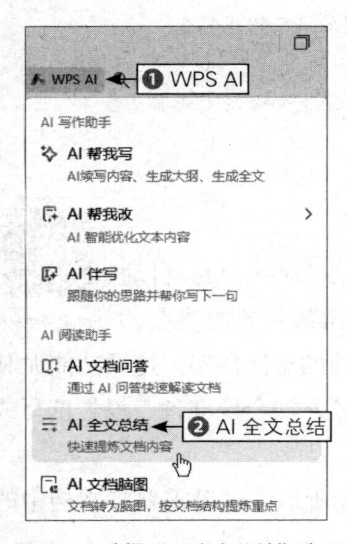

图4-18 选择"AI全文总结"选项 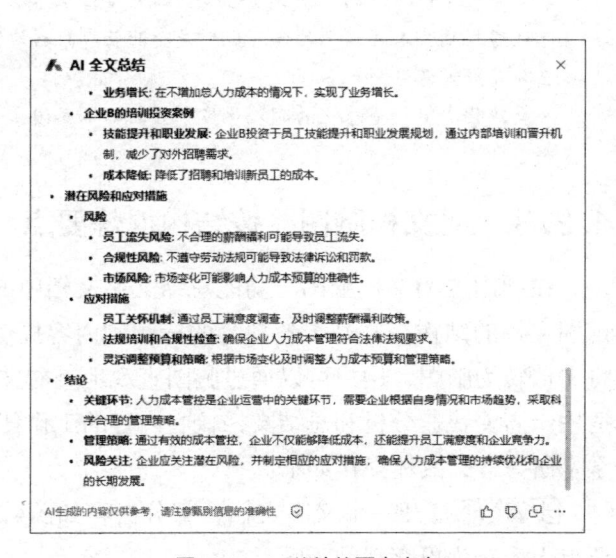　　　　图4-19 AI总结的要点内容

095

步骤04 在面板右下角单击按钮,可以复制AI总结的要点,保存到文档或者记事本中,相关内容如下。

> **WPS AI**
>
> 概述:
> 本文档是一份关于人力成本管控的报告,旨在阐述人力成本的定义、重要性、当前市场趋势、管控策略、成功案例,以及潜在风险和应对措施。报告强调人力成本是企业成本结构中的关键部分,直接影响企业的竞争力和盈利能力。通过分析和案例研究,报告提出了一系列科学、合理的管理策略,以帮助企业降低成本、提升员工满意度和企业竞争力,并建议企业关注潜在风险并制定应对措施,确保人力成本管理的持续优化和企业的长期发展。
> 主要内容:
> 人力成本的定义
> ・定义:人力成本指企业在生产经营活动中因使用劳动力而发生的各种费用总和,包括工资、奖金、社会保险、福利费用、培训费用、招聘费用等。
> ・重要性:人力成本是企业成本结构中的重要组成部分,直接关系到企业的竞争力和盈利能力。
> 人力成本的重要性
> ・成本控制:合理的人力成本控制有助于企业降低运营成本,提高利润率。
> ・员工满意度:合理的薪酬福利体系能提高员工满意度和忠诚度,降低员工流失率。
> ・竞争优势:有效的人力成本管理能提升企业在市场中的竞争力。
> ・战略规划:人力成本的合理规划是企业长期战略规划的重要组成部分。
> 当前市场趋势分析
> ・全球化影响:全球化的深入导致企业面临不同国家和地区的劳动力成本竞争。
> ……

4.2.3 AI文档脑图:按结构提炼要点

在利用"AI文档脑图"功能总结文字文档中的内容时,AI会自动识别文档的结构,并基于各部分的标题和内容提炼出最重要的观点,将文档转为脑图,用户可以通过脑图直观地查看文档的整体框架。这项功能尤其适用于需要快速分析和总结文档核心内容的工作任务,如会议准备、报告撰写或学术研究等,具体操作如下。

扫码看教学视频

步骤01 打开一个文字文档,部分内容如图4-20所示,这里需要将文档中的要点内容转为更直观的脑图。

第4章 文档解读篇——AI阅读助手

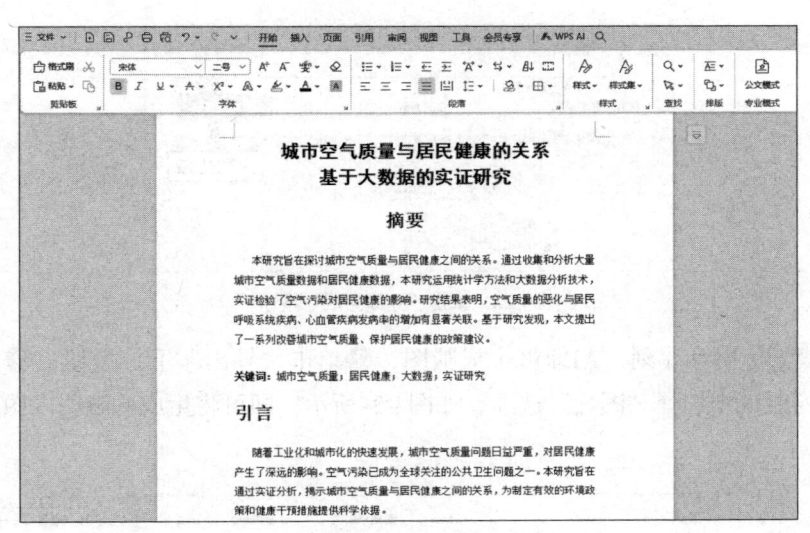

图4-20 打开一个文字文档（部分内容）

步骤02 在菜单栏中，❶单击WPS AI按钮；❷在弹出的列表框中选择"AI文档脑图"选项，如图4-21所示。

步骤03 弹出"AI文档脑图"面板，在生成框中，❶单击"解析深度"右侧的下拉按钮；❷在弹出的下拉列表框中选择"简要"选项，表示简要解析文档内容，如图4-22所示。

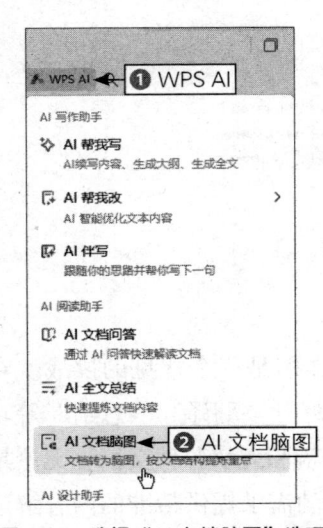

图4-21 选择"AI文档脑图"选项　　图4-22 选择"简要"选项

步骤04 执行操作后，单击"立即生成"按钮，如图4-23所示。

097

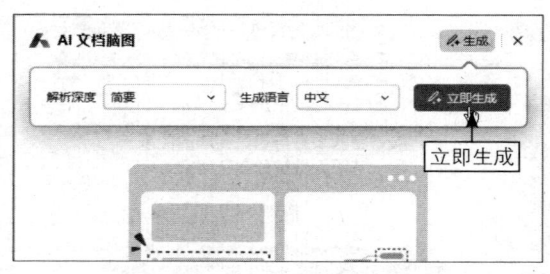

图 4-23　单击"立即生成"按钮

步骤 05 稍等片刻，AI即可生成脑图，❶单击"导出"下拉按钮；❷在弹出的下拉列表框中选择"图片"选项，如图4-24所示，即可将生成的脑图以图片的格式保存。

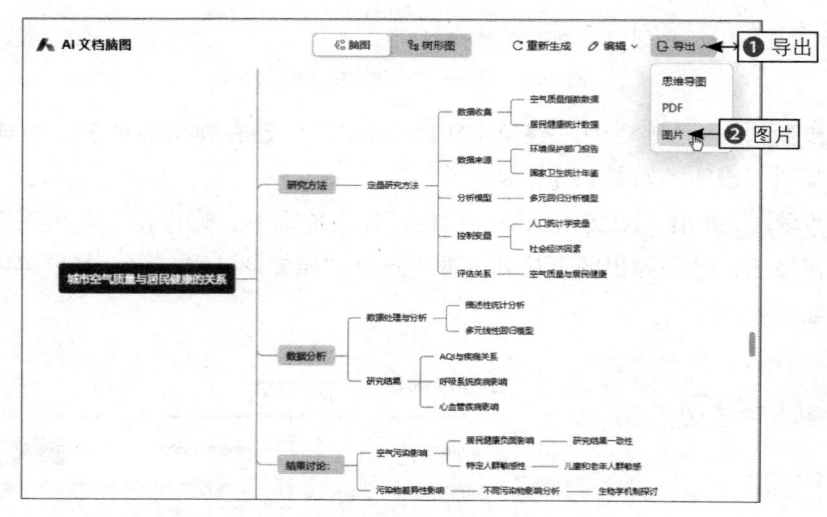

图 4-24　选择"图片"选项

4.3　AI 帮我读

在繁忙的工作和学习中，快速理解和处理大量文档是一个常见的挑战。在WPS AI的"AI帮我读"面板中，为用户提供了"解释""翻译""总结"等功能，通过自动化技术，AI可以帮助用户高效读取、解析和理解各种文档。无论是PDF文档、文字文档，还是电子书，AI都能根据用户的需求提供精准的内容解读和智能分析，大大提升用户的工作效率。本节将以PDF文档为例，向大家介绍在"AI帮我读"面板中的几个主要功能。

4.3.1　AI解释：PDF中的文言文

在许多学术研究、古籍阅读或法律文书中，文言文仍然是一个不可忽视的存在。对许多现代读者来说，理解文言文常常需要具备深厚的语言背景和文化知识。利用WPS AI可以帮助用户解释难以理解的词句和文言文，具体操作如下。

步骤01 打开一篇PDF文章，部分内容如图4-25所示，这里需要利用AI解释文章中的文言文。

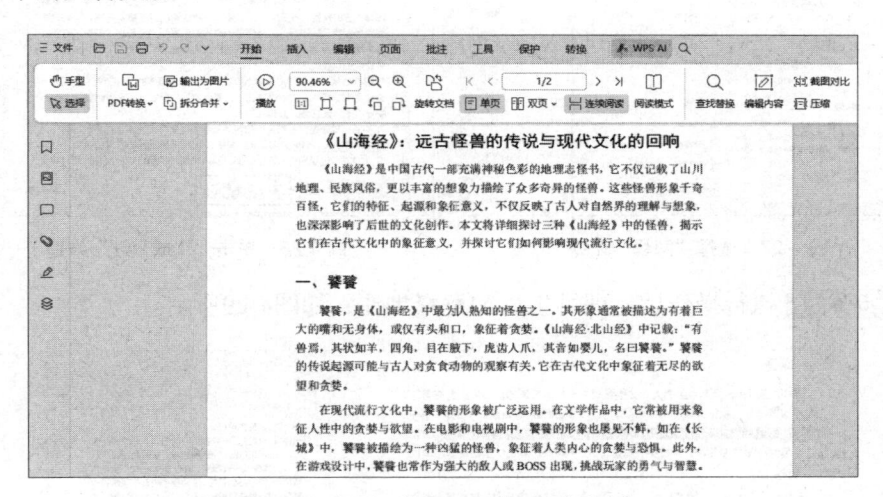

图 4-25　打开一篇 PDF 文章（部分内容）

步骤02 选择需要解释的文言文，如图4-26所示。

图 4-26　选择需要解释的文言文

步骤03 单击鼠标右键,在弹出的快捷菜单中,选择WPS AI | "解释"命令,如图4-27所示。

步骤04 弹出"AI帮我读"面板,在"解释"选项卡中,即可生成AI解释的内容,单击"生成批注"按钮,如图4-28所示。

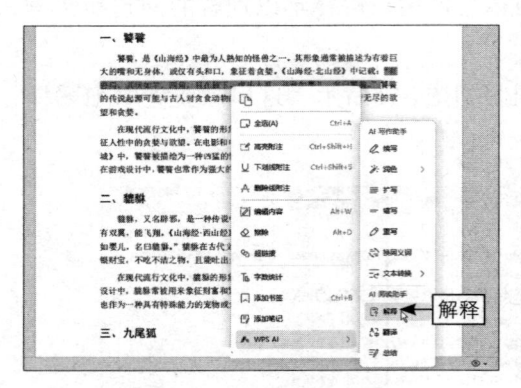

图 4-27 选择"解释"命令　　　　图 4-28 单击"生成批注"按钮

步骤05 执行操作后,即可生成AI解释批注,如图4-29所示。

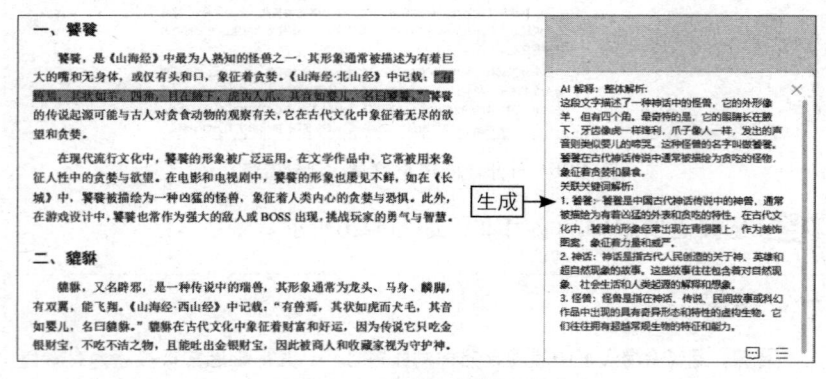

图 4-29 生成 AI 解释批注

4.3.2 AI翻译:直接划词译文

当用户在阅读外文PDF文档时,如果对某些词汇不理解,可以直接划词进行翻译。WPS AI可以提供即时翻译结果,帮助用户快速理解不熟悉的单词和短语,提升阅读效率,具体操作如下。

扫码看教学视频

步骤01 打开一篇外文PDF文章,部分内容如图4-30所示,这里需要利用AI翻译文章中的部分内容。

第4章 文档解读篇——AI阅读助手

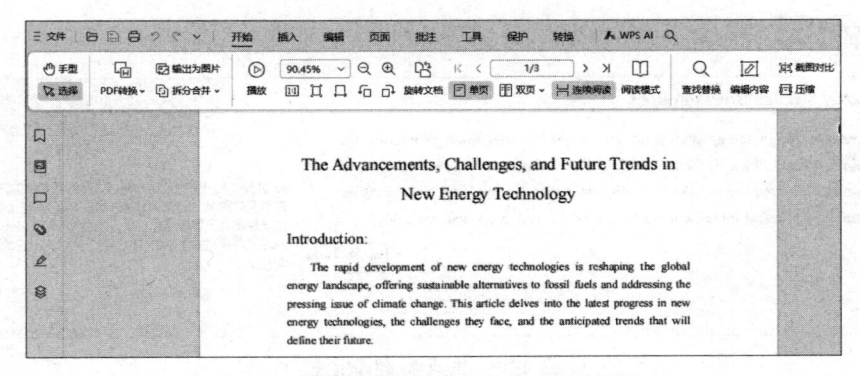

图4-30 打开一篇外文PDF文章（部分内容）

步骤02 ❶选择需要翻译的段落内容；❷在弹出的悬浮面板中单击"翻译"按钮，如图4-31所示。

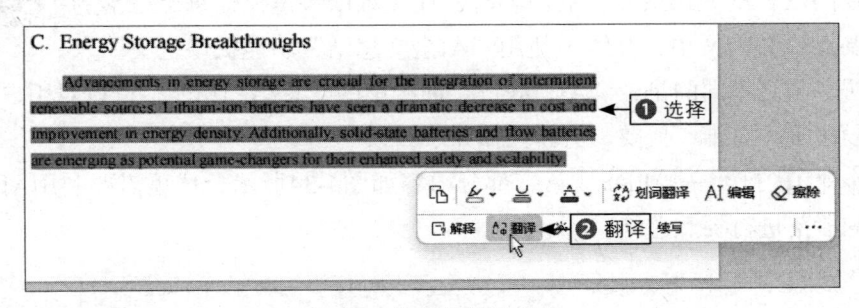

图4-31 单击"翻译"按钮

步骤03 弹出"AI帮我读"面板，在"翻译"选项卡中，即可生成AI翻译的中文内容，单击"生成批注"按钮，如图4-32所示。

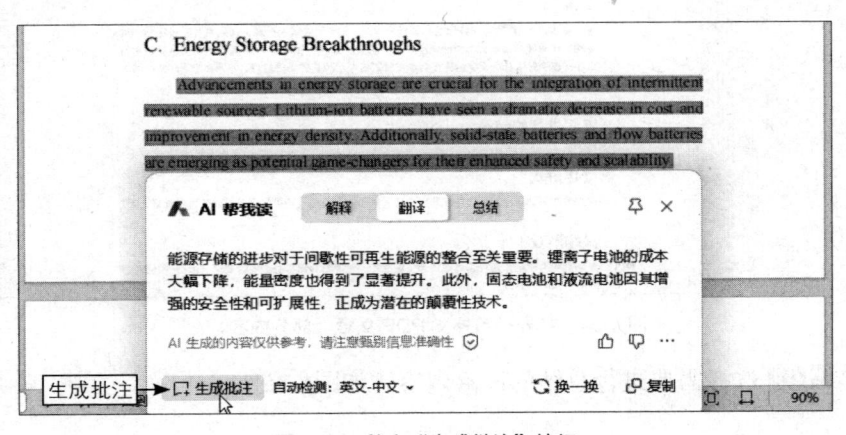

图4-32 单击"生成批注"按钮

101

步骤 04 执行操作后，即可生成AI翻译批注，如图4-33所示。

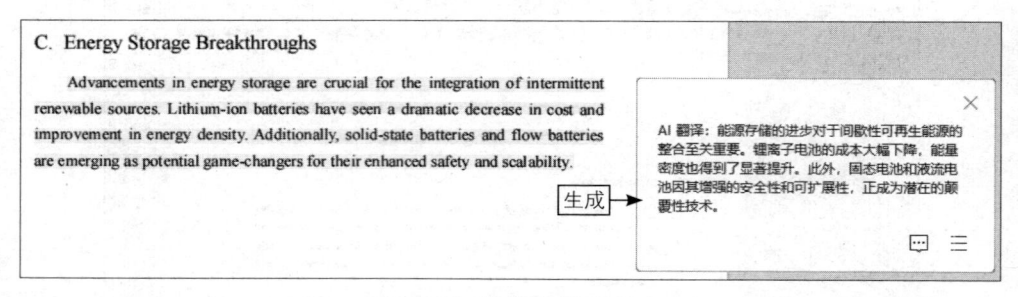

图 4-33　生成 AI 翻译批注

4.3.3　AI总结：对段落进行摘要

在阅读长篇文档或复杂的内容时，往往难以快速抓住每个段落的核心要点。在前文中，介绍了使用"AI全文总结"功能提炼全文要点的方法，与之不同的是，"AI帮我读"面板中的"总结"功能，可以对用户所选择的段落进行总结、摘要，具体操作如下。

步骤 01 打开一篇PDF文章，部分内容如图4-34所示，这里需要利用AI对文章中的段落进行要点总结。

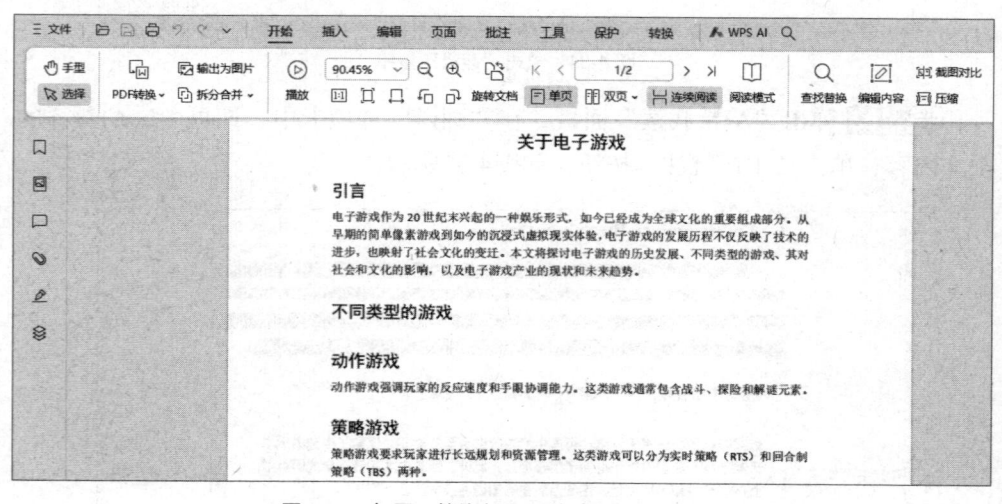

图 4-34　打开一篇外文 PDF 文章（部分内容）

步骤 02 选择需要进行总结的段落内容，如图4-35所示。

第4章 文档解读篇——AI阅读助手

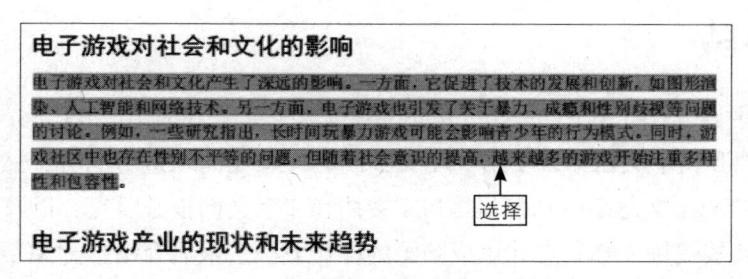

电子游戏对社会和文化的影响

电子游戏对社会和文化产生了深远的影响。一方面，它促进了技术的发展和创新，如图形渲染、人工智能和网络技术。另一方面，电子游戏也引发了关于暴力、成瘾和性别歧视等问题的讨论。例如，一些研究指出，长时间玩暴力游戏可能会影响青少年的行为模式。同时，游戏社区中也存在性别不平等的问题，但随着社会意识的提高，越来越多的游戏开始注重多样性和包容性。

电子游戏产业的现状和未来趋势

图 4-35 选择需要进行总结的段落内容

步骤 03 单击鼠标右键，在弹出的快捷菜单中，选择WPS AI｜"总结"命令，如图4-36所示。

步骤 04 弹出"AI帮我读"面板，在"总结"选项卡中，即可生成AI总结的内容，单击"生成批注"按钮，如图4-37所示。

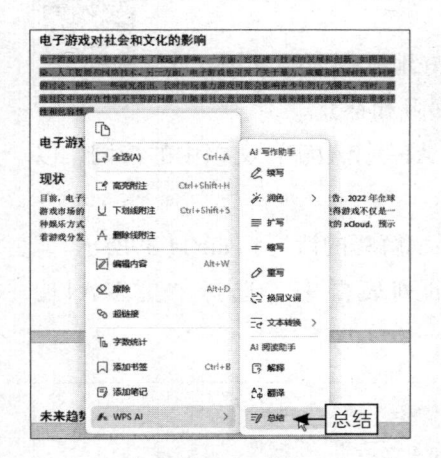

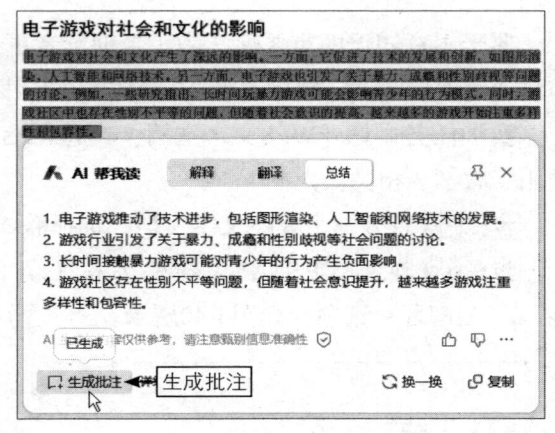

图 4-36 选择"总结"命令　　　　　图 4-37 单击"生成批注"按钮

步骤 05 执行操作后，即可生成AI总结批注，如图4-38所示。

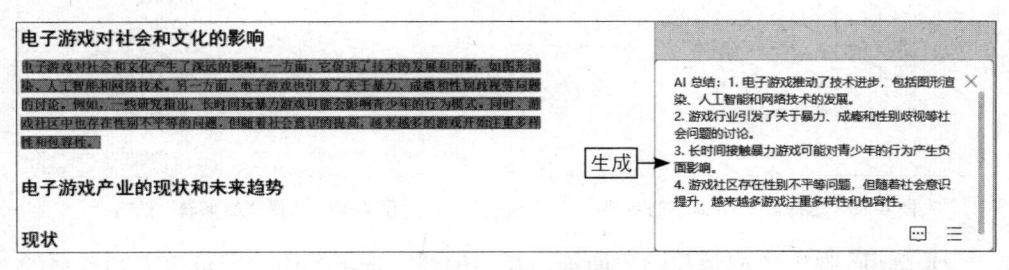

图 4-38 生成 AI 总结批注

103

本章小结

本章主要介绍了WPS的AI阅读助手在文档解读中的应用，首先介绍了如何在PDF文档和文字文档中，使用"AI文档问答"功能向AI进行问答；然后详细介绍了使用"AI全文总结"功能提炼PDF文档和文字文档核心要点，以及用"AI文档脑图"功能提炼文档要点并生成脑图的操作方法；最后介绍了"AI帮我读"的一系列功能，例如用AI解释文言文、划词翻译英文及总结段落要点等。

学完本章，大家将能熟练使用AI阅读助手进行文档解读，不仅能提高信息获取的速度，还能深度理解文档内容，优化工作和学习流程。

课后实训

鉴于本章知识的重要性，为了帮助读者更好地掌握所学知识，本节将通过课后实训，帮助读者进行简单的知识回顾和补充。

扫码看教学视频

实训任务：打开WPS文字文档，唤起WPS AI，让AI解释文档中的诗词，以便用于教学，相关操作如下。

步骤01 打开一个WPS文字文档，选择需要AI解释的诗词，如图4-39所示。

步骤02 唤起WPS AI，在输入框下方的列表框中，选择"更多AI功能"|"AI解释"选项，如图4-40所示。

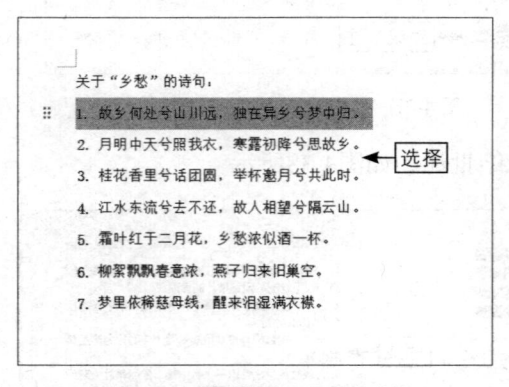

图 4-39　选择需要 AI 解释的诗词　　　　图 4-40　选择"AI 解释"选项

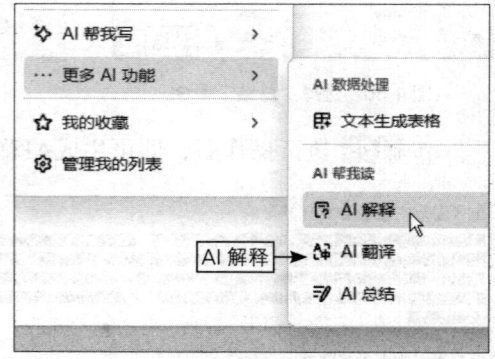

步骤03 弹出"AI帮我读"面板，在"解释"选项卡中，即可生成AI解释的内容，单击"生成批注"按钮，如图4-41所示。

第4章 文档解读篇——AI阅读助手

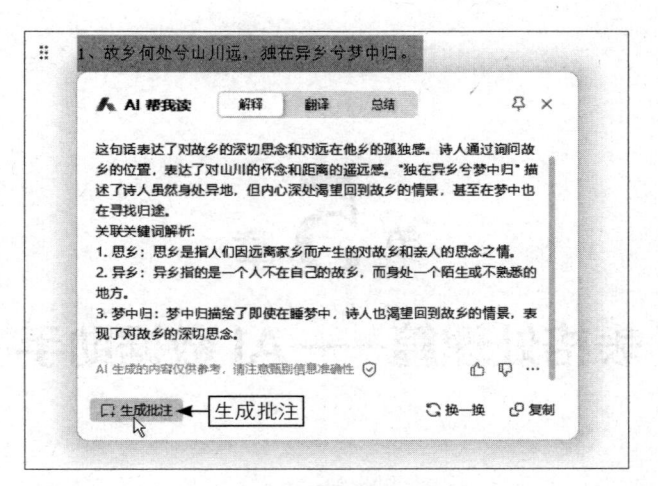

> 1、故乡何处兮山川远，独在异乡兮梦中归。
>
> **AI 帮我读**　解释　翻译　总结
>
> 这句话表达了对故乡的深切思念和对远在他乡的孤独感。诗人通过询问故乡的位置，表达了对山川的怀念和距离的遥远感。"独在异乡兮梦中归"描述了诗人虽然身处异地，但内心深处渴望回到故乡的情景，甚至在梦中也在寻找归途。
>
> 关联关键词解析：
> 1. 思乡：思乡是指人们因远离家乡而产生的对故乡和亲人的思念之情。
> 2. 异乡：异乡指的是一个人不在自己的故乡，而身处一个陌生或不熟悉的地方。
> 3. 梦中归：梦中归描绘了即使在睡梦中，诗人也渴望回到故乡的情景，表现了对故乡的深切思念。
>
> AI 生成的内容仅供参考，请注意甄别信息准确性
>
> 【生成批注】　　　　　　　　换一换　复制

← 生成批注

图 4-41　单击"生成批注"按钮

步骤04 执行操作后，即可生成AI解释批注，如图4-42所示。

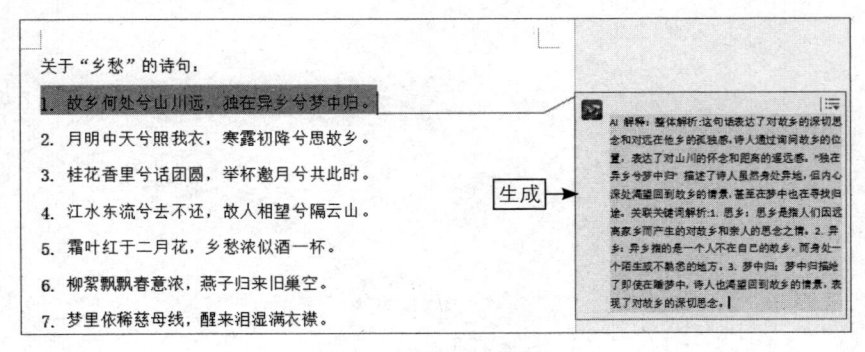

关于"乡愁"的诗句：
1. 故乡何处兮山川远，独在异乡兮梦中归。
2. 月明中天兮照我衣，寒露初降兮思故乡。
3. 桂花香里兮话团圆，举杯邀月兮共此时。
4. 江水东流兮去不还，故人相望兮隔云山。
5. 霜叶红于二月花，乡愁浓似酒一杯。
6. 柳絮飘飘春意浓，燕子归来旧巢空。
7. 梦里依稀慈母线，醒来泪湿满衣襟。

> AI 解释：整体解析：这句话表达了对故乡的深切思念和对远在他乡的孤独感。诗人通过询问故乡的位置，表达了对山川的怀念和距离的遥远感。"独在异乡兮梦中归"描述了诗人虽然身处异地，但内心深处渴望回到故乡的情景，甚至在梦中也在寻找归途。关联关键词解析：1. 思乡：思乡是指人们因远离家乡而产生的对故乡和亲人的思念之情。2. 异乡：异乡指的是一个人不在自己的故乡，而身处一个陌生或不熟悉的地方。3. 梦中归：梦中归描绘了即使在睡梦中，诗人也渴望回到故乡的情景，表现了对故乡的深切思念。

← 生成

图 4-42　生成 AI 解释批注

第5章

表格处理篇——AI 数据助手

本章要点

在现代办公环境中,数据处理和表格管理是日常工作中不可或缺的一部分。WPS AI为用户提供了功能强大的AI数据助手,能够高效地处理各种复杂的数据任务,本章将从多个角度深入探讨WPS AI数据助手在表格处理中的应用。

5.1 AI 数据处理

在WPS表格中，WPS AI为用户提供了"AI写公式"和"AI条件格式"两大数据处理神器，能够通过自动化的方式简化复杂的计算与格式化任务，从而大幅提升工作效率。本节将详细介绍"AI写公式"和"AI条件格式"两大功能的用法。

5.1.1 AI写公式：判断订单状态

WPS表格的"AI写公式"功能可以自动生成各种常见的数据计算公式，例如求和、平均值、最大值等。用户只需提供简单的描述，AI便能够识别出计算需求，并自动插入相应的公式。例如，若用户需要计算某一列的总和或平均数，只需告诉AI目标数据，AI便会快速生成正确的公式，并进行计算，节省了手动输入和调试的时间。下面以判断订单状态为例，介绍"AI写公式"功能的使用方法。

步骤01 打开一个工作表，如图5-1所示，这里需要在E列中根据滞留时长判断订单状态是待出库、加急出库还是已超时。如果滞留时长不到24h（h，计时单位，表示小时），则订单状态为"待出库"；如果滞留时长超过24h且不到48h，则订单状态为"加急出库"；如果滞留时长超过48h，则订单状态为"已超时"。

	A	B	C	D	E
1	序号	订单编号	物品编号	滞留时长(h)	订单状态
2	1	100140020250505 0001	KB033	3	
3	2	100140020250505 0002	KB034	13	
4	3	100140020250505 0003	KB035	5	
5	4	100140020250505 0004	KB036	30	
6	5	100140020250505 0005	KB037	5	
7	6	100140020250505 0006	KB038	36	
8	7	100140020250505 0007	KB039	50	
9	8	100140020250505 0008	KB040	10	
10	9	100140020250505 0009	KB041	7	
11	10	100140020250505 0010	KB042	39	
12	11	100140020250505 0011	KB043	42	
13	12	100140020250505 0012	KB044	53	

图 5-1 打开一个工作表

步骤02 选择E2:E13单元格区域，❶在菜单栏中单击WPS AI按钮，弹出列表框；❷选择"AI写公式"选项，如图5-2所示。

步骤03 弹出输入框，输入公式描述指令，如图5-3所示。

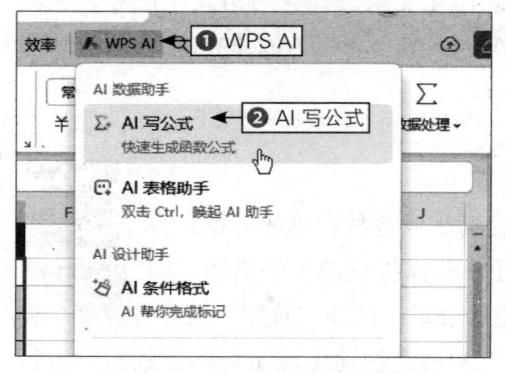

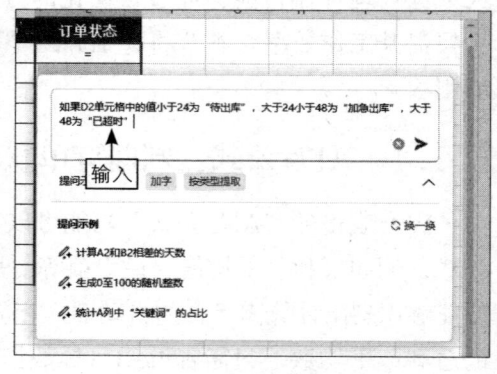

图5-2 选择"AI写公式"选项　　　　图5-3 输入公式描述指令

步骤04 按【Enter】键发送指令，AI即可生成计算公式，如图5-4所示。

步骤05 在生成的公式下方，单击"fx对公式的解释"按钮，即可展开公式解释，了解公式的计算逻辑，如图5-5所示。

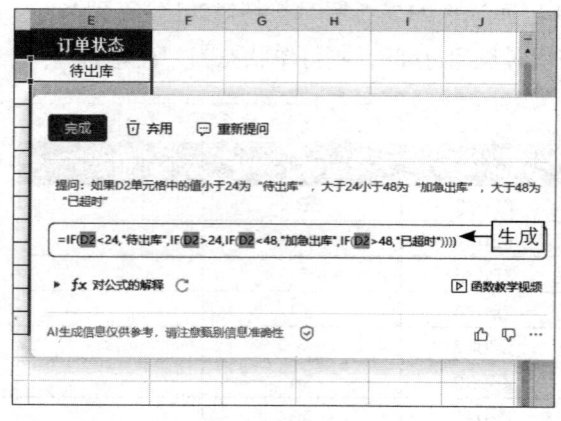

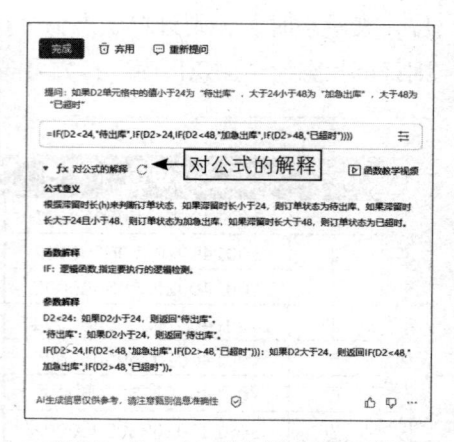

图5-4 生成计算公式　　　　图5-5 单击"fx对公式的解释"按钮

步骤06 单击"完成"按钮，即可在E2单元格中插入公式并计算，如图5-6所示。

步骤07 在编辑栏中单击，按【Ctrl+Enter】组合键，即可将公式批量从E2单元格填充到E13单元格中，获得各订单状态，如图5-7所示。

图 5-6 插入公式并计算

图 5-7 获得各订单状态

5.1.2 AI条件格式：标记销量前三

WPS表格的"AI条件格式"功能可以帮助用户快速实现条件标记。例如，让AI标记销量排在前三的数据，使表格中的目标数据高亮显示，达到用户想要的标记结果，具体操作如下。

扫码看教学视频

步骤01 在WPS中打开一个工作表，如图5-8所示，这里需要将销量排在前三的单元格标记出来。

序号	姓名	所在组别	销售产品	销量
1	秋葵	销售1组	洁面乳	176
2	杨舒	销售1组	洁面乳	390
3	曾迪	销售1组	洁面乳	223
4	陆原	销售2组	洁面乳	183
5	周晓明	销售2组	洁面乳	264
6	程茂奥	销售2组	洁面乳	283
7	程昱	销售3组	洁面乳	295
8	周子吉	销售3组	洁面乳	345
9	张霞	销售3组	洁面乳	376

图 5-8 打开一个工作表

步骤02 ❶在菜单栏中单击WPS AI按钮，弹出列表框；❷选择"AI条件格式"选项，如图5-9所示。

步骤03 弹出"AI条件格式"面板，在输入框中输入指令，如图5-10所示。

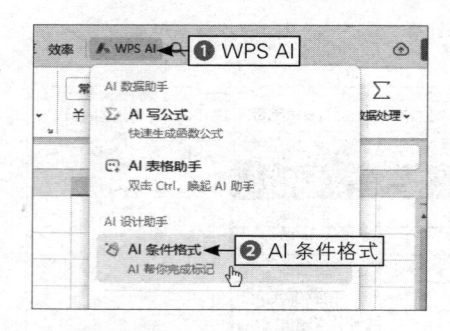

图 5-9 选择"AI 条件格式"选项　　　　图 5-10 输入指令

步骤04 发送指令后，AI即可开始执行指令，在表格中标记符合条件的数据单元格，如图5-11所示。

步骤05 确认标记无误后，在"AI条件格式"面板中，单击"完成"按钮，如图5-12所示，即可完成AI按条件标记数据的操作。

图 5-11 标记符合条件的数据单元格　　　　图 5-12 单击"完成"按钮

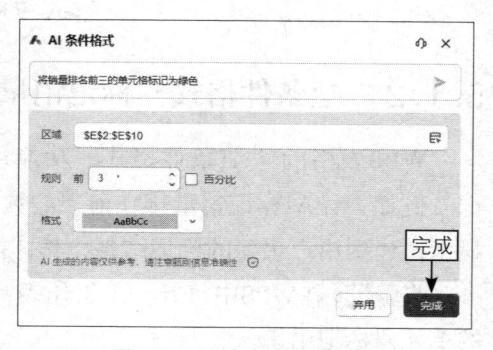

5.2 AI 表格助手

WPS AI为用户提供了"AI表格助手"功能，能够协助用户高效创建、操作及管理表格，例如提取表格数据、对表格中的数据自动分类，以及对表格中的数据进行翻译等，节省大量人工输入和操作的时间，让用户能够将更多精力投入到数据分析和决策上。本节将向大家介绍"AI表格助手"功能的使用方法，并结合实际案例，帮助大家更好地掌握"AI表格助手"功能的应用。

5.2.1 AI快速建表：生成季度销售报表

AI能够根据用户的需求，自动快速生成表格结构，并填充相应的数据，免去用户手动输入的麻烦，提升工作效率。下面以生成季度销售报表为例，介绍具体操作。

步骤01 在WPS Office首页，❶单击"新建"按钮；❷在弹出的面板中单击"表格"按钮，如图5-13所示。

步骤02 进入"新建表格"界面，单击"空白表格"缩略图，如图5-14所示，即可新建一个空白工作表。

步骤03 在菜单栏中，❶单击WPS AI按钮；❷在弹出的列表框中选择"AI表格助手"选项，如图5-15所示。

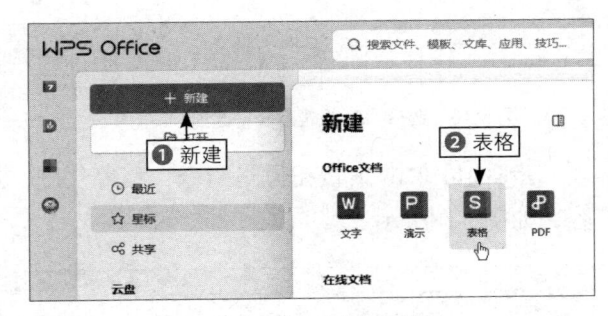

图 5-13 单击"表格"按钮

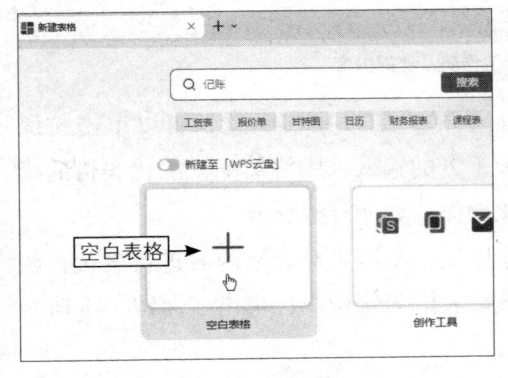

图 5-14 单击"空白表格"缩略图

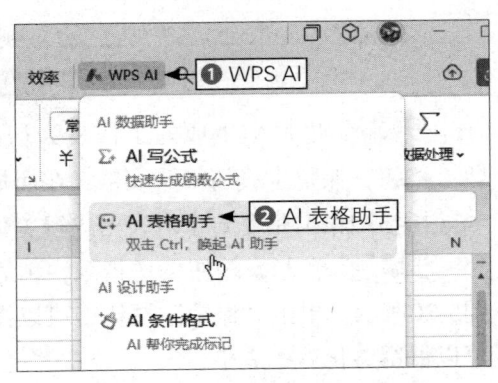

图 5-15 选择"AI 表格助手"选项

步骤04 弹出"AI表格助手"面板，用户可以直接在输入框中输入指令，告诉AI要做什么，或者在输入框下方的列表中选择相应的功能，这里选择"AI快速建表"选项，如图5-16所示。

步骤05 执行操作后，即可在输入框中输入指令，指导AI根据指令内容生成工作表，如图5-17所示。

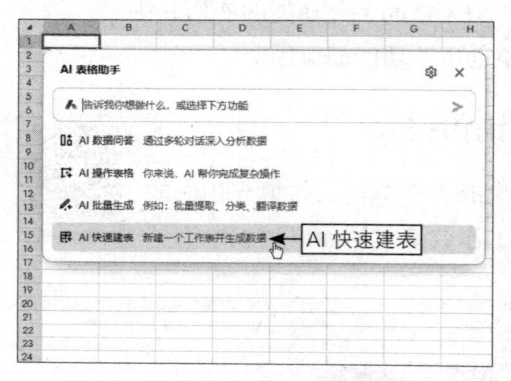

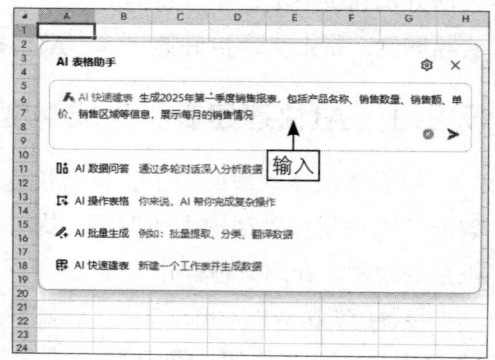

图 5-16 选择"AI 快速建表"选项

图 5-17 输入指令

步骤06 单击 ➤ 按钮发送指令，稍等片刻，AI即可生成一个工作表及数据内容，如图5-18所示。

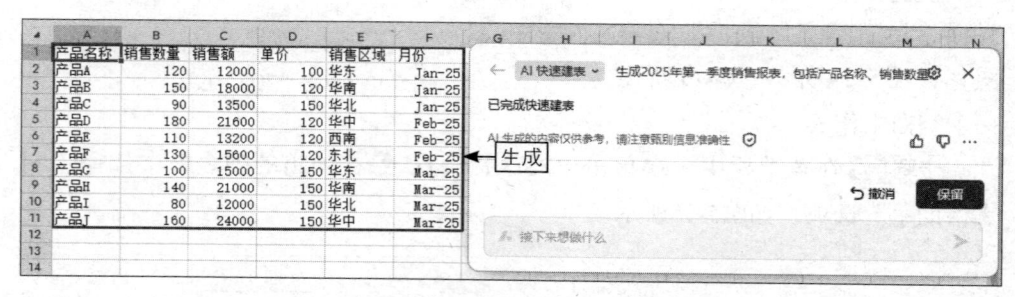

图 5-18 生成一个工作表及数据内容

步骤07 此时AI生成的工作表为初始表格，如果用户满意，可以单击"保留"按钮，保留生成的初始表格，在面板下方的输入框中继续输入美化表格的指令，指导AI根据指令要求对表格进行美化操作，如图5-19所示。

步骤08 单击 ➤ 按钮发送指令，稍等片刻，AI即可对表格内容进行美化，如图5-20所示。单击"撤销"按钮，可以撤销表格美化操作；单击"保留"按钮，可以保留美化后的表格。

第5章　表格处理篇——AI数据助手

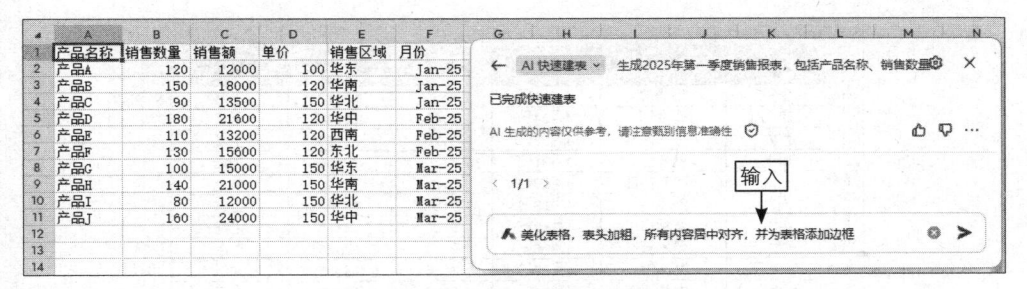

图 5-19　继续输入美化表格的指令

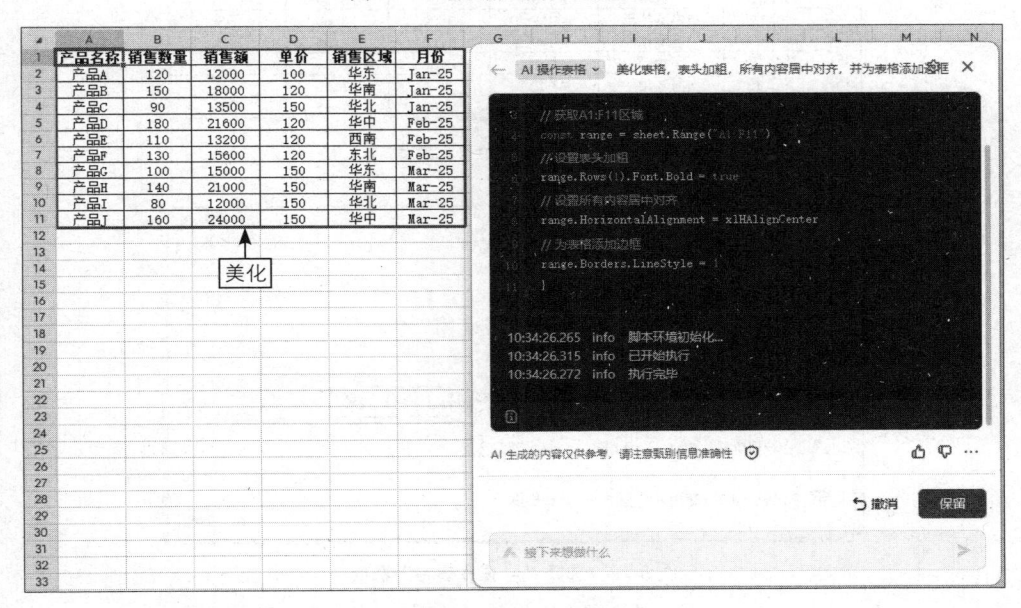

图 5-20　AI 对表格内容进行美化

5.2.2　AI操作表格：你来说，AI帮你完成

使用"AI操作表格"功能，可以让WPS AI根据用户的指令自动对表格执行操作。用户只需通过文字输入需要的操作，AI即可准确完成指令，极大地减少了手动操作的烦琐过程，提升了表格管理的灵活性，具体操作如下。

扫码看教学视频

步骤01 在WPS中，打开一个工作表，如图5-21所示，这里需要筛选出表格中的早退数据。

步骤02 选择任意一个单元格，连续两次按下【Ctrl】键，唤起WPS AI，弹出"AI表格助手"面板，选择"AI操作表格"选项，如图5-22所示。

113

	A	B	C	D	E	F
1	员工姓名	部门	考勤日期	签到时间	签退时间	出勤状态
2	张三	市场部	4月25日	8:50	18:10	正常
3	李四	研发部	4月24日	9:05	18:25	正常
4	赵六	人力资源部	4月22日	9:10	18:00	正常
5	钱七	销售部	4月21日	8:30	18:30	加班
6	孙八	技术支持部	4月20日	9:20	17:40	早退
7	周九	产品部	4月19日	8:55	18:05	正常
8	吴十	运营部	4月18日	9:00	18:15	正常
9	王十二	研发部	4月16日	9:15	17:50	早退
10	李十三	财务部	4月15日	8:35	18:35	加班
11	赵十四	人力资源部	4月14日	9:25	17:35	早退
12	钱十五	销售部	4月13日	8:50	18:10	正常
13	孙十六	技术支持部	4月12日	9:00	18:00	正常
14	吴十八	运营部	4月10日	9:10	17:55	早退
15	郑十九	市场部	4月9日	8:30	18:30	加班
16	王二十	研发部	4月8日	9:20	17:40	早退
17	赵二十二	人力资源部	4月6日	9:00	18:15	正常

图 5-21　打开一个工作表

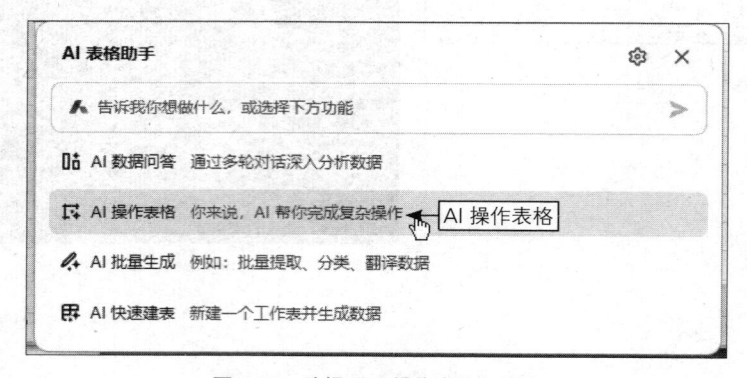

图 5-22　选择"AI 操作表格"选项

步骤03 执行操作后,即可在输入框中输入操作指令,指导AI根据指令内容操作表格,如图5-23所示。

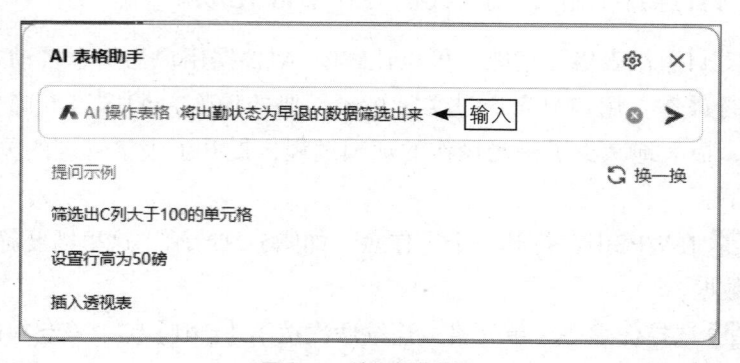

图 5-23　输入操作指令

步骤04 单击 ➤ 按钮发送指令，稍等片刻，AI即可筛选出表格中的早退数据，如图5-24所示。在面板中单击"保留"按钮，即可保留筛选的数据。

员工姓名	部门	考勤日期	签到时间	签退时间	出勤状态
孙八	技术支持部	4月20日	9:20	17:40	早退
王十二	研发部	4月16日	9:15	17:50	早退
赵十四	人力资源部	4月14日	9:25	17:35	早退
吴十八	运营部	4月10日	9:10	17:55	早退
王二十	研发部	4月8日	9:20	17:40	早退

图 5-24　AI 筛选出表格中的早退数据

5.2.3　AI批量生成1：提取部门信息

当用户需要从多个表格或多列、多行数据中提取特定数据时，WPS AI能够批量处理这些任务。例如，用户可以要求AI从表格中提取指定数据并生成新的表格，AI将自动识别并提取指定的数据，无须用户手动操作每个文件，从而节省了大量时间和精力，具体操作如下。

步骤01 打开一个工作表，如图5-25所示，这里需要提取B列中的部门信息。

序号	各部门差旅费款项	金额
1	业务部的交通费	3940
2	人事部的通讯费	1535
3	管理部的住宿费	9558
4	仓管部的伙食费	3200
5	后勤部的招待费	4380

图 5-25　打开一个工作表

步骤02 选择任意一个单元格，连续两次按下【Ctrl】键，唤起WPS AI，弹出"AI表格助手"面板，选择"AI批量生成"选项，如图5-26所示。

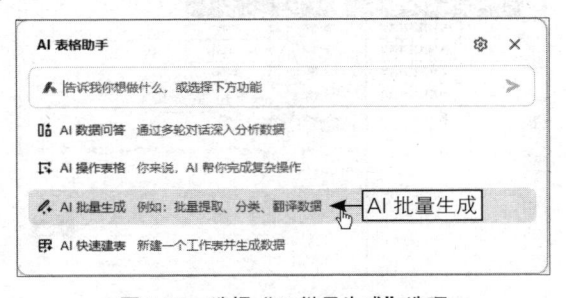

图 5-26　选择"AI 批量生成"选项

115

WPS AI智能办公应用技巧大全

步骤03 执行操作后，即可在输入框中输入操作指令，指导AI根据指令内容操作表格，如图5-27所示。

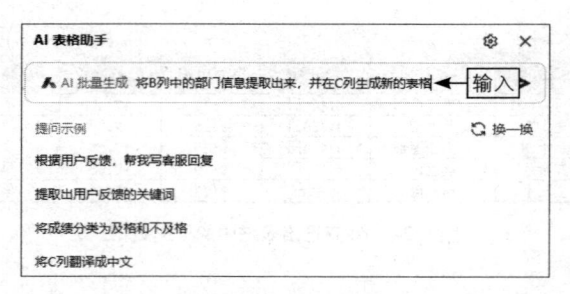

图 5-27　输入操作指令

步骤04 单击 ▶ 按钮发送指令，即可查看应用范围是否正确，并预览3条生成结果，单击"执行"按钮，如图5-28所示。

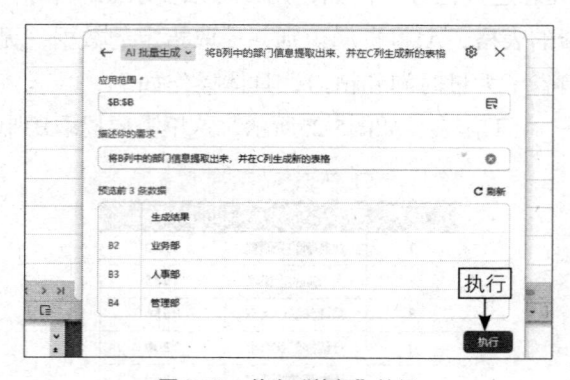

图 5-28　单击"执行"按钮

步骤05 稍等片刻，AI即可批量提取B列中的部门信息，如图5-29所示。在面板中，单击"保留"按钮，即可保留提取的部门信息。

图 5-29　AI 批量提取 B 列中的部门信息

5.2.4　AI批量生成2：将成绩进行分类

对于分类任务，WPS AI可以根据用户指令中预设的规则，对表格中的数据进行自动分类，减少了手动处理数据的复杂性，具体操作如下。

步骤01 打开一个工作表，如图5-30所示，这里需要将学生的考试成绩按及格和不及格进行分类。

班级	学生姓名	考试科目	考试成绩（分）
五年二班	周晓萌	数学	77
五年二班	林廓	数学	88
五年三班	程嵋	数学	32
五年三班	路子同	数学	63
五年五班	李涵	数学	90
五年五班	张晓菲	数学	58

图 5-30　打开一个工作表

步骤02 选择任意一个单元格，连续两次按下【Ctrl】键，唤起WPS AI，弹出"AI表格助手"面板，选择"AI批量生成"选项，如图5-31所示。

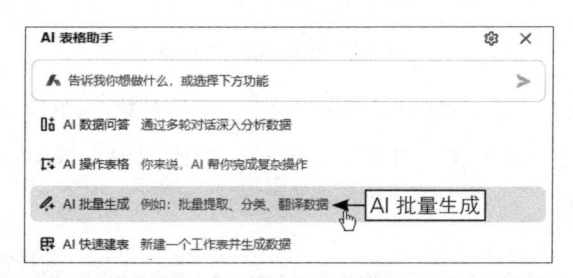

图 5-31　选择"AI 批量生成"选项

步骤03 执行操作后，即可在输入框中输入操作指令，指导AI根据指令内容操作表格，如图5-32所示。

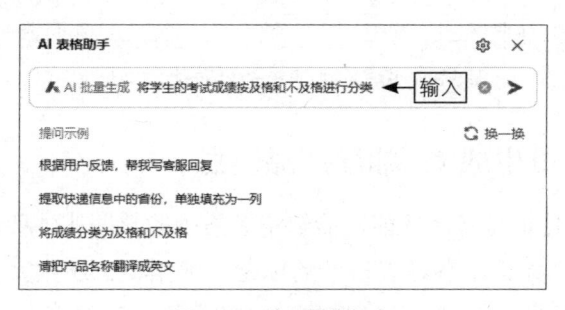

图 5-32　输入操作指令

步骤04 单击 ▶ 按钮发送指令，即可查看应用范围和想要的分类是否正确，并预览3条生成结果，单击"执行"按钮，如图5-33所示。

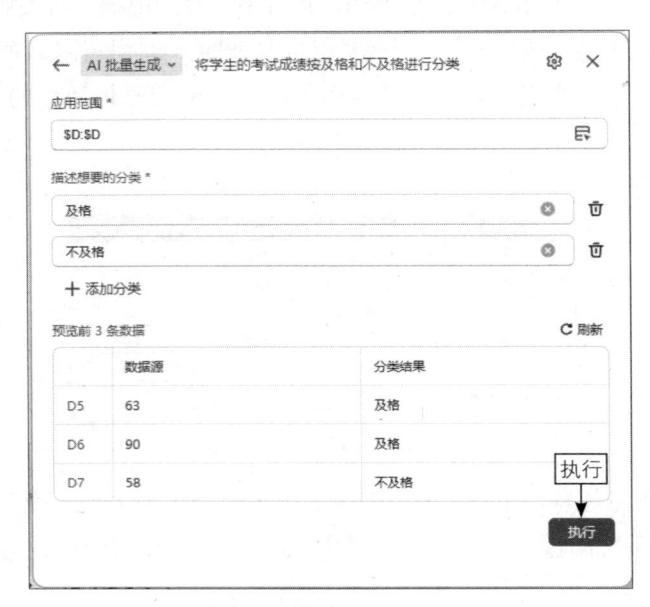

图 5-33　单击"执行"按钮

步骤05 稍等片刻，AI将自动按80分以下为不及格、80分以上为及格，对学生的考试成绩进行自动分类，如图5-34所示。在面板中，单击"保留"按钮，即可保留分类的数据。

图 5-34　AI对学生的考试成绩进行自动分类

5.2.5　AI批量生成3：翻译产品信息

WPS AI还支持批量翻译功能，能够将表格中的数据从一种语言翻译成另一种语言。无论是翻译表格中的标题、数据项，还是完整的内容，AI都能高效处理，特别适用于跨国公司的多语言数据需求，具体操作如下。

第5章　表格处理篇——AI数据助手

步骤01 在WPS中，打开一个工作表，如图5-35所示，这里需要将B列中的产品信息翻译成英文。

产品名称	产品信息	价格
产品A	高性能智能手机，支持5G	3000元
产品B	无线蓝牙耳机，长效电池	500元
产品C	超薄笔记本电脑，轻便易携	5000元
产品D	家用机器人吸尘器，智能操作	1500元
产品E	4K智能电视，超清画质	4000元

图5-35　打开一个工作表

步骤02 选择任意一个单元格，连续两次按下【Ctrl】键，唤起WPS AI，弹出"AI表格助手"面板，选择"AI批量生成"选项，如图5-36所示。

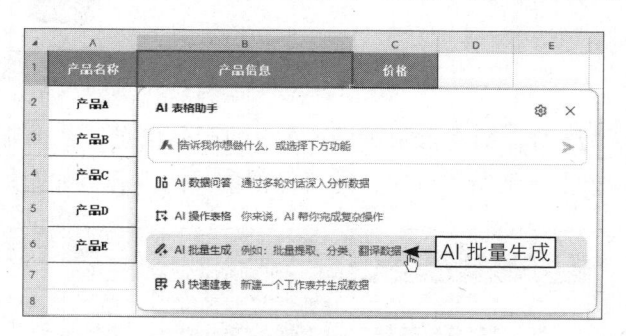

图5-36　选择"AI批量生成"选项

步骤03 执行操作后，即可在输入框中输入操作指令，指导AI根据指令内容操作表格，如图5-37所示。

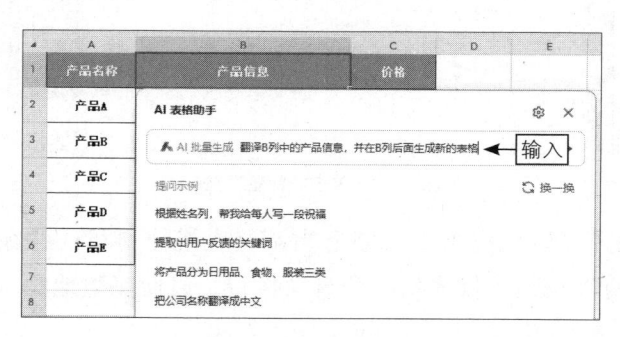

图5-37　输入操作指令

119

WPS AI智能办公应用技巧大全

步骤04 单击 ▶ 按钮发送指令，即可查看应用范围和需要翻译的语言是否正确，并预览3条生成结果，单击"执行"按钮，如图5-38所示。

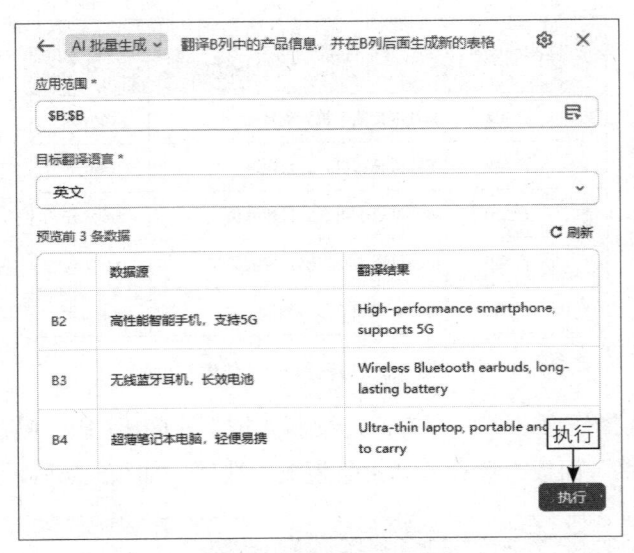

图 5-38　单击"执行"按钮

步骤05 稍等片刻，AI将批量翻译B列中的产品信息，在面板中，将提示用户已完成翻译，单击"保留"按钮，即可保留翻译的内容，如图5-39所示。

图 5-39　单击"保留"按钮

步骤06 用户可以根据需要，❶适当调整表格的列宽；❷在"开始"功能区中单击"换行"按钮，使表格内容自动换行，以便完整地显示翻译内容，如图5-40所示。

120

第5章　表格处理篇——AI数据助手

	A	B	C	D
1	产品名称	产品信息	AI 批量生成	
2	产品A	高性能智能手机，支持5G	High-performance smartphone, supports 5G	3000元
3	产品B	无线蓝牙耳机，长效电池	Wireless Bluetooth earbuds, long-lasting battery	500元
4	产品C	超薄笔记本电脑，轻便易携	Ultra-thin laptop, portable	5000元
5	产品D	家用机器人吸尘器，智能操作	Home robot vacuum cleaner, intelligent operation	1500元
6	产品E	4K智能电视，超清画质	4K Smart TV, ultra-clear picture quality	4000元

图 5-40　单击"换行"按钮

5.3　AI 数据问答

WPS AI还为用户提供了"AI数据问答"功能，可以进行数据检查、预测分析，并生成分析结论，以及根据表格中的数据生成可视图表等，帮助用户快速从大量数据中提取关键信息，为决策提供有力支持。本节将通过WPS的智能表格，向大家介绍"AI数据问答"功能的使用方法。

5.3.1　数据检查：核查差旅费有无异常

在WPS智能表格中，用户可以使用"AI数据问答"功能，以对话的方式向AI提问，要求AI检查表格中的数据，并根据提问内容进行回复。下面以核查差旅费有无异常为例，介绍具体操作。

步骤01　在WPS Office首页，❶单击"新建"按钮；❷在弹出的面板中单击"智能表格"按钮，如图5-41所示。

步骤02　进入"新建智能表格"界面，单击"空白智能表格"缩略图，如图5-42所示，即可新建一个空白的智能工作表。

121

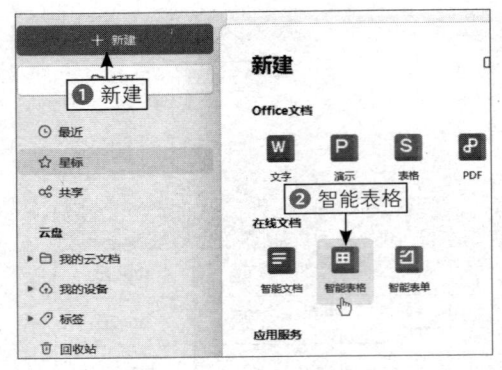

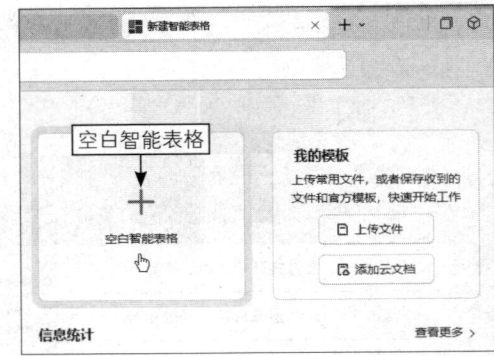

图5-41 单击"智能表格"按钮　　　　图5-42 单击"空白智能表格"缩略图

步骤03 在工作表中，输入表格内容并适当美化表格，效果如图5-43所示。

费用款项	1月	3月	2月	5月	4月	6月
交通费	4940	4112	3588	8561	9433	1116
通讯费	2933	2335	1784	3852	4413	1025
住宿费	6703	1671	1142	9558	7445	873
伙食费	3306	500	500	3200	3200	500
招待费	6660	5355	4410	6703	6703	748
其他	3340	3102	2067	3500	3500	1533

图5-43　输入表格内容并适当美化表格

步骤04 在菜单栏中，❶单击WPS AI按钮；❷在弹出的面板中选择"AI数据问答"选项，如图5-44所示。

步骤05 弹出"AI数据问答"面板，其中显示了AI推荐的4个指令，用户可以直接选择需要的指令，让AI根据指令分析表格数据。例如，选择第2个指令，让AI检查差旅费表中有无异常数据，如图5-45所示。

步骤06 AI将分析指令，读取表格内容，并使用多种方式执行指令，检查是否存在异常数据，并回复检查结果，如图5-46所示。

第5章 表格处理篇——AI数据助手

图 5-44 选择"AI 数据问答"选项

图 5-45 选择第 2 个指令

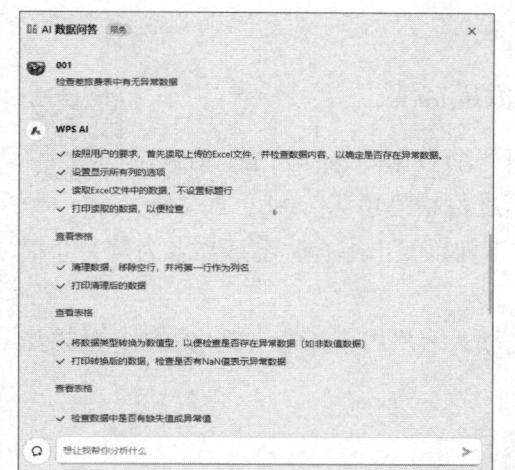

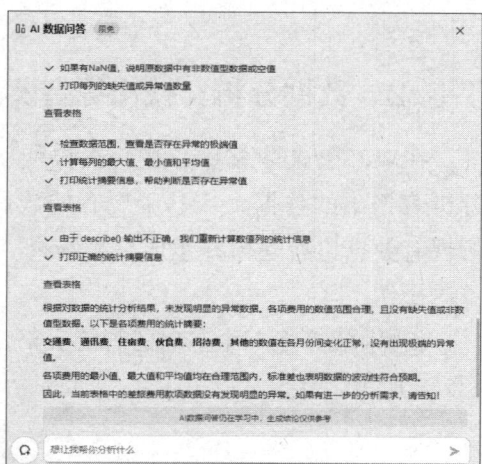

图 5-46 WPS AI 执行指令并回复检查结果

步骤 07 用户还可以直接在输入框中输入指令,告诉AI要分析什么,单击➤按钮,AI将分析指令内容,并使用多种方式执行指令,生成回复内容,相关指令及回复内容如下。

👤 提问

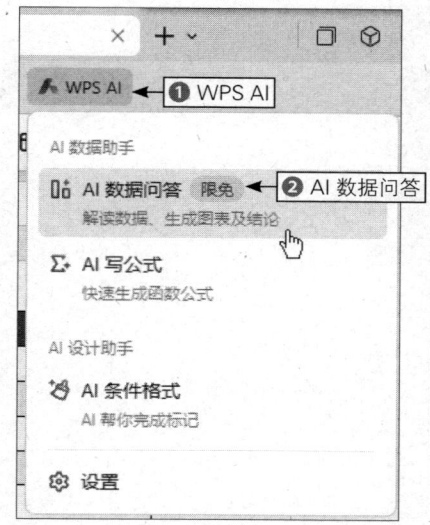

检查数据中是否有超过5000元的费用。

123

WPS AI

在数据中，以下费用项超过5000元。

1.交通费

5月：8561元

4月：9433元

2.住宿费

1月：6703元

5月：9558元

4月：7445元

3.招待费

1月：6660元

3月：5355元

2月：4410元

5月：6703元

4月：6703元

……

5.3.2 数据分析：找出综合奖金最高者

在WPS智能表格中，用户可以使用"AI数据问答"功能，让AI分析表格中的数据，或基于现有的数据进行趋势预测，AI会通过分析现有数据进行建模并生成分析结果。下面以找出综合奖金最高者为例，介绍具体操作。

步骤01 新建一个空白的智能表格，输入表格内容并适当美化表格，效果如图5-47所示。

姓名	加班费	绩效奖金	项目奖金
钟小红	200	300	266
陆英英	342	540	330
程幅	253	430	454
郭坤	267	400	358
黄宗英	338	500	473
孙毅	336	475	470

图5-47 输入表格内容并适当美化表格

步骤02 在"数据"功能区中，单击"AI数据问答"按钮，如图5-48所示。

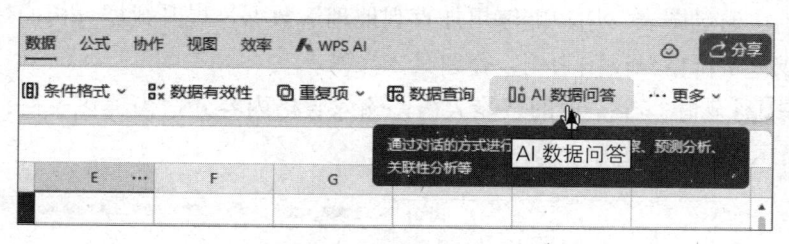

图5-48 单击"AI数据问答"按钮

步骤03 弹出"AI数据问答"面板，在输入框中输入指令，告诉AI要分析什么，单击➤按钮，AI将分析指令内容，并使用多种方式执行指令，生成回复内容，相关指令及回复内容如下。

提问

找出综合奖金最高者，并预测分析谁会得到老板的赏识。

WPS AI

计算每个人的综合奖金（加班费+绩效奖金+项目奖金）
找出综合奖金最高的人
打印综合奖金最高的人的信息
综合奖金最高的人是黄宗英，她的综合奖金为1311元。
接下来我将根据奖金的各项指标进行预测分析，看看谁可能会得到老板的赏识。通常，老板可能更关注绩效奖金和项目奖金，因为它们直接反映了员工的工作表现和项目贡献。我们将通过加权分析来进一步预测。
假设老板更看重绩效奖金和项目奖金，因此我们给它们更高的权重。
设定加班费的权重为0.3，绩效奖金的权重为0.4，项目奖金的权重为0.3，找出加权综合奖金最高的人，预测此人最有可能得到老板的赏识。
打印预测结果
根据加权分析，黄宗英不仅在综合奖金上最高，而且在加权综合奖金（考虑了老板更看重的绩效奖金和项目奖金）上也排名第一。因此，黄宗英最有可能得到老板的赏识。

5.3.3 数据图表：生成采购价格对比图

在WPS智能表格中，用户可以使用"AI数据问答"功能，让AI根据数据自动生成多种图表，例如柱状图、折线图和饼图等。用户只需

扫码看教学视频

125

在表格中提供数据源，AI便能自动识别数据结构并选择最合适的图表类型进行可视化展示。通过图表，用户能够更加直观地理解数据，提升数据分析的效率。下面以生成采购价格对比图为例，介绍具体操作。

步骤01 新建一个空白的智能表格，输入表格内容并适当美化表格，效果如图5-49所示。

商品名称	日期	采购单价	商品平均价格
外套	2024年1月	¥599	¥490
	2024年2月	¥399	¥490
	2024年3月	¥298	¥490
	2024年4月	¥468	¥490
	2024年5月	¥356	¥490
	2024年6月	¥568	¥490
	2024年7月	¥469	¥490
	2024年8月	¥265	¥490
	2024年9月	¥326	¥490
	2024年10月	¥366	¥490
	2024年11月	¥456	¥490
	2024年12月	¥699	¥490
	2025年1月	¥1,099	¥490

图5-49 输入表格内容并适当美化表格

步骤02 唤起WPS AI，调出"AI数据问答"面板，在输入框中输入指令，相关指令如下。

提问

生成采购价格对比图。

步骤03 单击➤按钮发送指令，AI将执行指令，生成采购价格对比图，将鼠标指针移至对比图上，即可显示两个按钮，单击"插入至新工作表并编辑"按钮⊕，如图5-50所示。

步骤04 执行操作后，即可将生成的图表插入至新的工作表中，选择采购单价折线，如图5-51所示。

步骤05 在图表右上角，❶单击"图表元素"按钮 ；❷在弹出的列表框中选中"数据标签"复选框；❸即可为采购单价折线添加数据标签，如图5-52所示。

第5章 表格处理篇——AI数据助手

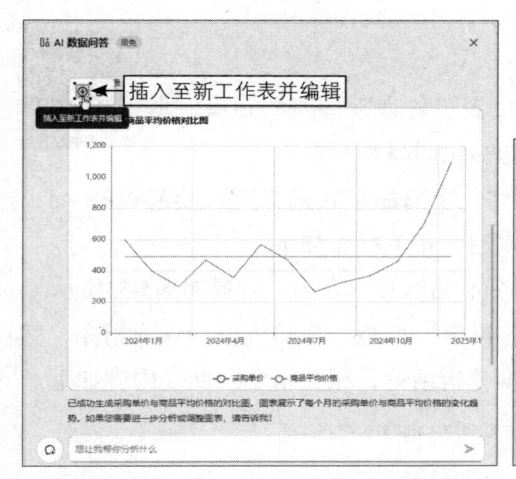

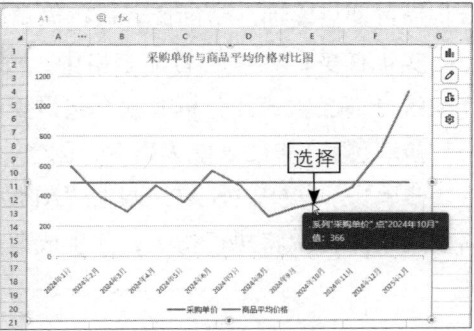

图 5-50 单击"插入至新工作表并编辑"按钮

图 5-51 选择采购单价折线

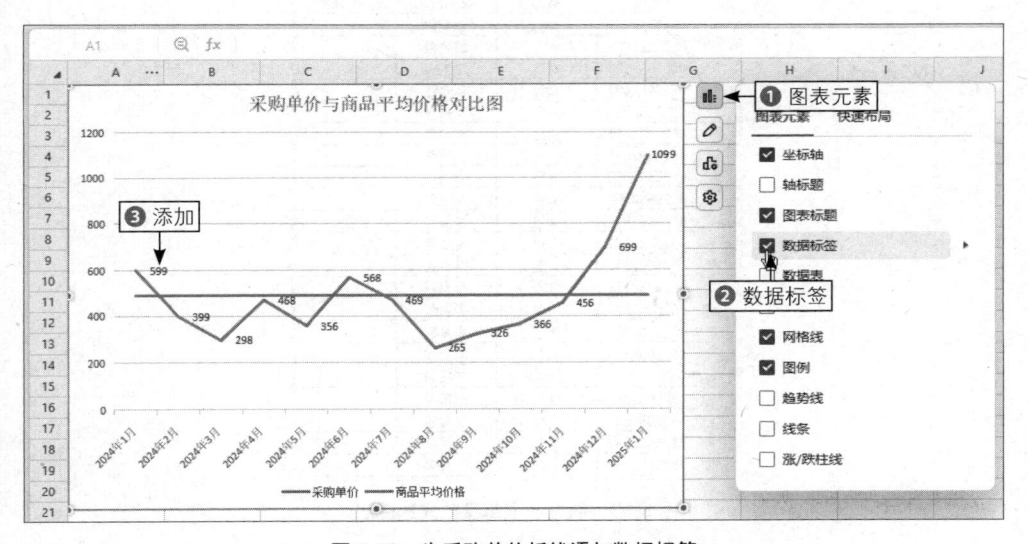

图 5-52 为采购单价折线添加数据标签

本章小结

本章主要介绍了WPS的AI数据助手在表格处理中的应用，涵盖了AI数据处理、AI表格助手及AI数据问答等功能，这些功能可以帮助用户高效地创建、管理和分析表格数据，极大地提升办公效率。通过AI的智能化支持，用户可以更加专注于分析与决策，而将烦琐的表格操作交给AI完成。

课后实训

鉴于本章知识的重要性，为了帮助读者更好地掌握所学知识，本节将通过课后实训，帮助读者进行简单的知识回顾和补充。

实训任务：在WPS智能表格中，创建一个商品款式选择表，唤起WPS AI，让AI统计商品款式并分析哪款女包最受欢迎，相关操作如下。

步骤01 在WPS智能表格中，创建一个商品款式选择表，效果如图5-53所示。

步骤02 唤起WPS AI，调出"AI数据问答"面板，在输入框中输入指令，然后发送指令，AI将执行指令，并生成数据分析结论，相关指令及回复内容如下。

图 5-53 创建一个商品款式选择表

提问

统计商品款式并分析哪款女包最受欢迎。

WPS AI

根据分析结果，最受欢迎的女包款式是斜挎包，共有8个订单。

第6章
演示制作篇——AI 设计助手

本章要点

在现代办公环境中，AI技术的迅猛发展使得演示文稿的制作变得更加高效与智能，尤其是WPS AI设计助手能够大幅提升PPT制作的速度和质量。本章将详细介绍如何通过WPS AI设计助手生成、修改、续写及润色PPT内容，帮助用户快速完成高质量的演示文稿。

6.1 AI 生成 PPT

WPS的"AI生成PPT"功能为用户提供了基于主题、文档或大纲的智能化PPT制作方式。无论是需要快速生成一份与市场策略相关的演示，还是根据会议报告或研究论文生成PPT，AI都能够根据用户输入的相关信息自动生成具有专业水准的幻灯片。本节将向大家详细介绍"AI生成PPT"功能的使用方法。

6.1.1 主题生成PPT：市场营销策略

当用户输入主题如"市场营销策略"时，WPS AI设计助手会自动分析该主题相关的知识和资料，并根据市场营销的常见框架生成一系列幻灯片。这些幻灯片不仅涵盖了主题的主要内容，还能根据现代营销趋势和最佳实践，提供优化建议和设计风格，帮助用户打造一个高效的市场营销PPT，具体操作如下。

扫码看教学视频

步骤01 在WPS Office首页，❶单击"新建"按钮；❷在弹出的面板中单击"演示"按钮，如图6-1所示。

步骤02 进入"新建演示文稿"界面，单击"AI生成PPT"缩略图，如图6-2所示，即可新建一个空白的演示文稿，同时唤起WPS AI。

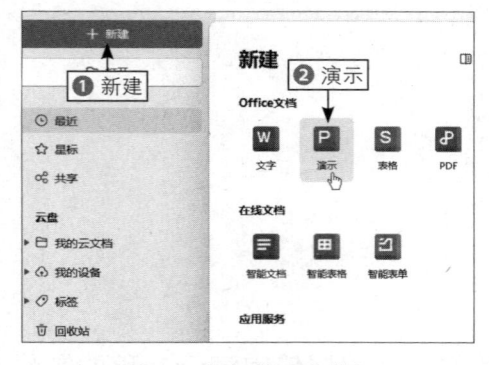

图6-1 单击"演示"按钮　　图6-2 单击"AI生成PPT"缩略图

步骤03 在"AI生成PPT"面板的输入框中，输入主题内容"市场营销策略：社交媒体的力量"，如图6-3所示。

步骤04 单击"开始生成"按钮，AI即可生成幻灯片大纲，单击"挑选模板"按钮，如图6-4所示。

步骤05 弹出"选择幻灯片模板"面板，选择一个合适的主题模板，例如选择"蓝色市场营销商务主题"模板,如图6-5所示。

图 6-3　输入主题内容

图 6-4　单击"挑选模板"按钮

图 6-5　选择"蓝色市场营销商务主题"模板

步骤06 单击"创建幻灯片"按钮,AI即可生成完整的PPT,效果如图6-6所示。

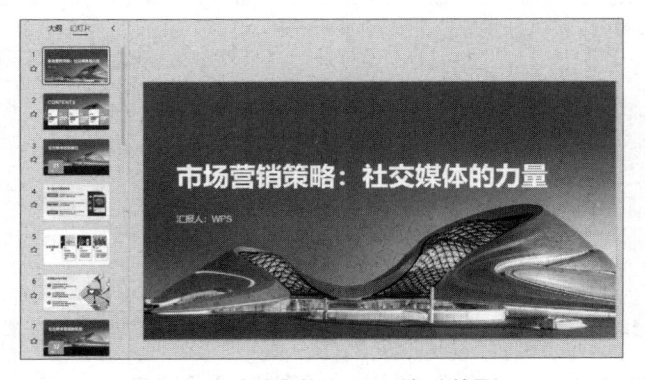

图 6-6　AI 生成完整的 PPT（部分效果）

6.1.2 文档生成PPT：会议报告

通过上传相关会议报告文档，AI能够自动从文档中提取关键内容，如会议议题、讨论要点和决议，并根据这些内容生成结构清晰、视觉吸引的PPT。在此过程中，AI会根据文档的逻辑结构和信息量，合理分配每一页幻灯片的内容，确保信息传递清晰准确，具体操作如下。

扫码看教学视频

步骤01 新建一个空白的演示文稿，❶在菜单栏中单击WPS AI按钮；❷在弹出的列表框中选择"AI生成PPT"|"文档生成PPT"选项，如图6-7所示。

步骤02 弹出"AI生成PPT"面板，单击"选择文档"按钮，如图6-8所示。

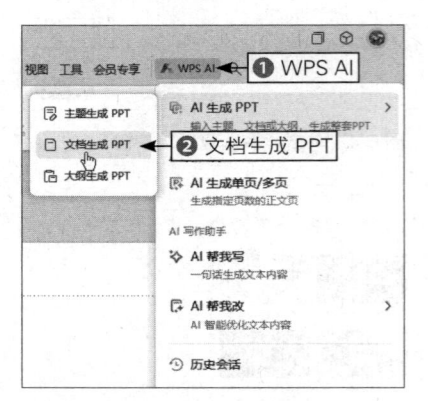

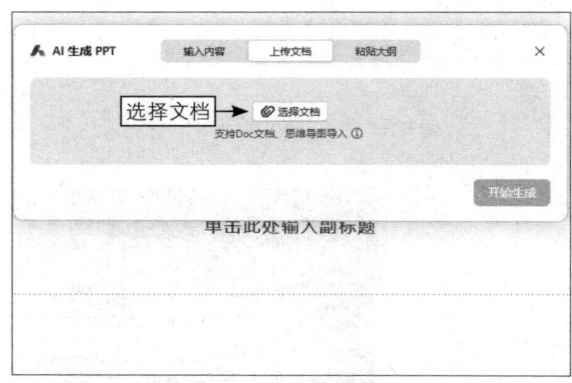

图6-7 选择"文档生成PPT"选项　　　　图6-8 单击"选择文档"按钮

步骤03 弹出"打开文档"对话框，选择需要上传的文档，如图6-9所示。

步骤04 单击"打开"按钮，弹出"选择大纲生成方式"面板，选中"智能改写"单选按钮，如图6-10所示，让AI智能优化文档结构，使生成的PPT效果更佳。

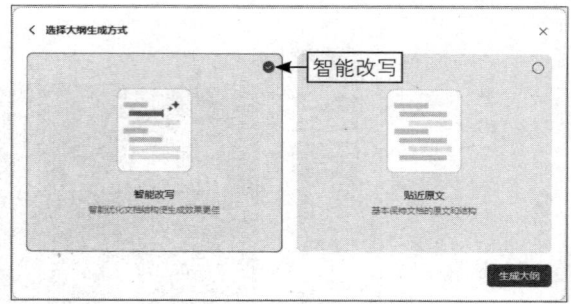

图6-9 选择需要上传的文档　　　　图6-10 选中"智能改写"单选按钮

步骤05 单击"生成大纲"按钮，AI即可生成幻灯片大纲，单击"挑选模板"按钮，如图6-11所示。

步骤06 弹出"选择幻灯片模板"面板，选择一个合适的模板，如图6-12所示。

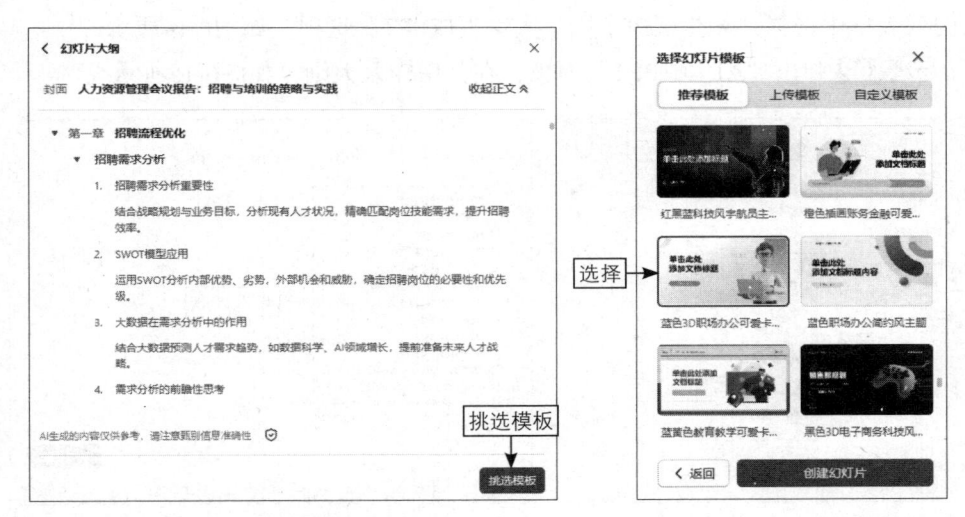

图6-11 单击"挑选模板"按钮　　　　图6-12 选择一个合适的模板

步骤07 单击"创建幻灯片"按钮，AI即可生成完整的PPT，效果如图6-13所示。

图6-13 AI生成完整的PPT（部分效果）

6.1.3 大纲生成PPT：研究论文

对于科研工作者或学术领域的用户，AI设计助手能够根据研究论文的大纲或章节标题生成相关幻灯片。无论是介绍论文的背景、方法

扫码看教学视频

论，还是展示研究结果，AI都能帮助用户将复杂的学术内容转化为简洁、易于理解的演示形式，确保观众能够轻松获取关键信息，具体操作如下。

步骤01 新建一个空白的演示文稿，❶在菜单栏中单击WPS AI按钮；❷在弹出的列表框中选择"AI生成PPT"|"大纲生成PPT"选项，如图6-14所示。

步骤02 弹出"AI生成PPT"面板，在其中输入大纲，如图6-15所示。

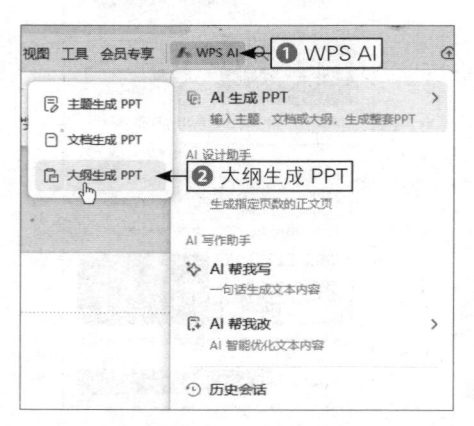

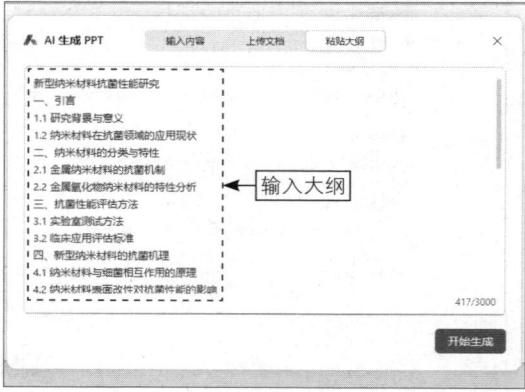

图6-14 选择"大纲生成PPT"选项　　　图6-15 输入大纲

步骤03 单击"开始生成"按钮，AI即可智能优化输入的大纲内容，重新生成幻灯片大纲，单击"挑选模板"按钮，如图6-16所示。

步骤04 弹出"选择幻灯片模板"面板，选择一个合适的模板，例如选择"蓝色职场办公科技风主题"模板，如图6-17所示。

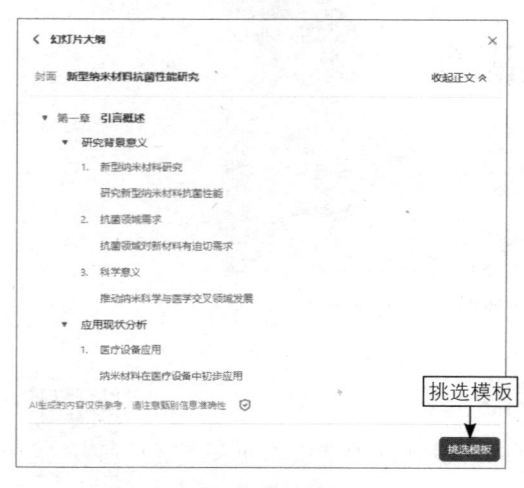

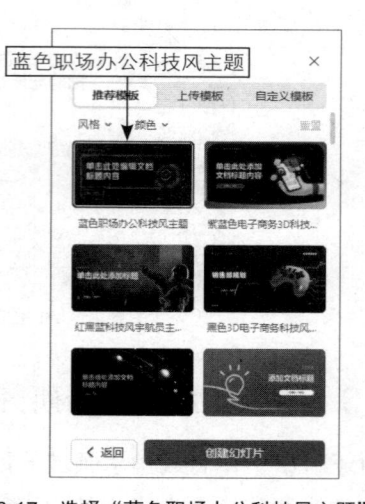

图6-16 单击"挑选模板"按钮　　　图6-17 选择"蓝色职场办公科技风主题"模板

步骤 05 单击"创建幻灯片"按钮，AI即可生成完整的PPT，效果如图6-18所示。

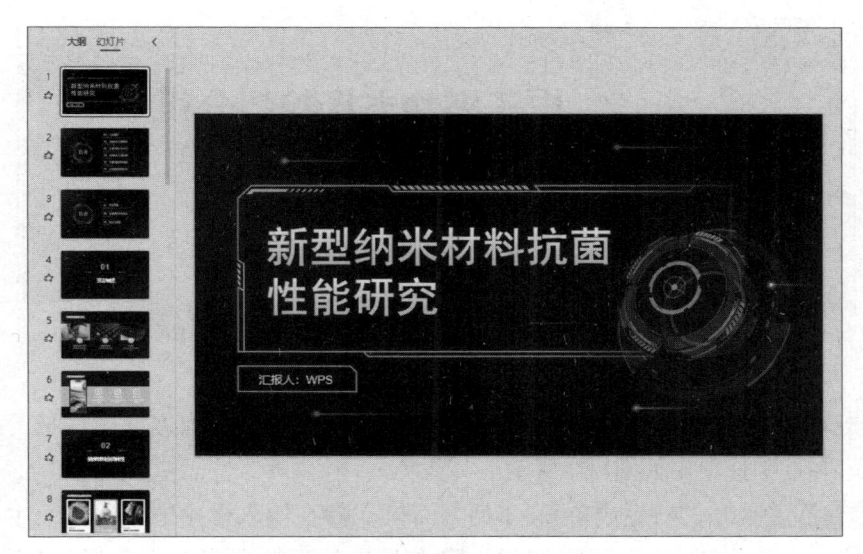

图 6-18　AI 生成完整的 PPT（部分效果）

6.2　AI 帮我写幻灯片

WPS AI不仅可以自动生成完整的PPT，通过"AI帮我写"功能，还能够在用户的需求下，根据具体的业务情境或主题，为用户编写个性化的幻灯片内容。这一功能支持用户从零开始创建PPT，或者在已有内容的基础上进行扩展和修改。本节将详细介绍让AI帮忙编写幻灯片内容的操作方法。

6.2.1　AI生成单页/多页：市场趋势分析

使用"AI生成单页/多页"功能，可以让AI生成指定页数的正文页幻灯片，无论是需要单独展示一个要点的单页幻灯片，还是需要展示多个分析点的多页幻灯片，用户只需在输入框中输入相关主题，并设置好幻灯片的数量，AI将根据用户的指示精确生成对应数量和内容的幻灯片页。下面以生成市场趋势分析类PPT正文页内容为例，介绍具体的操作方法。

扫码看教学视频

步骤 01 打开一个演示文稿，其中创建了一张封面页幻灯片，这里需要利用AI生成更多正文页内容，如图6-19所示。

图 6-19　打开一个演示文稿

步骤02　❶在菜单栏中单击WPS AI按钮；❷在弹出的列表框中选择"AI生成单页/多页"选项，如图6-20所示。

步骤03　弹出"AI生成单页/多页"面板，❶在输入框中输入封面页中的主题；❷单击"生成1页"下拉按钮；❸在弹出的下拉列表框中选择"5页"选项，设置AI生成的幻灯片页数，如图6-21所示。

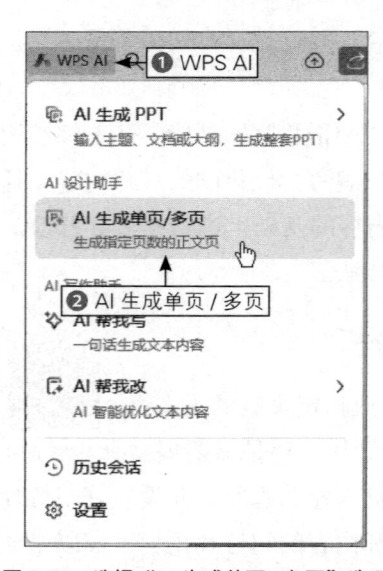

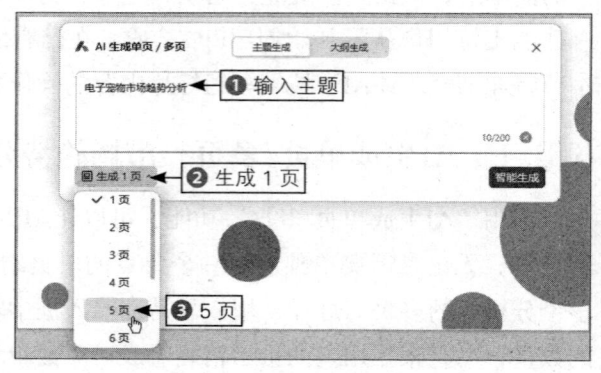

图 6-20　选择"AI生成单页/多页"选项　　　图 6-21　选择"5页"选项

步骤04　单击"智能生成"按钮，AI即可生成幻灯片内容，单击"生成幻灯片"按钮，如图6-22所示。

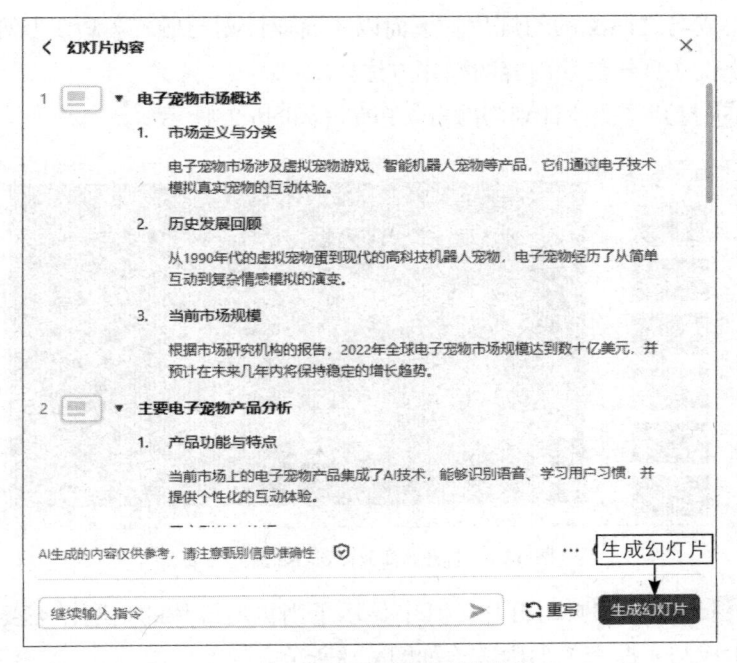

图 6-22 单击"生成幻灯片"按钮

步骤 05 执行操作后，AI即可生成5页正文页幻灯片，效果如图6-23所示。

图 6-23 AI生成 5 页正文页幻灯片（部分效果）

6.2.2 主题生成幻灯片：商业计划与融资

使用"AI帮我写"功能，可以让AI根据用户提供的一句话、一个指令或者一个主题，生成相应的幻灯片内容。用户只需简洁地描述与主题相关的需求或想要展示的核心观点，AI将根据这句话自动分析并提取关键信

扫码看教学视频

137

息，迅速生成与之匹配的幻灯片。下面以《商业计划与融资》PPT为例，介绍通过主题生成正文页幻灯片内容的操作方法。

步骤01 打开《商业计划与融资》PPT，如图6-24所示。

图6-24 打开《商业计划与融资》PPT

步骤02 选择第13页幻灯片，其中显示了当页幻灯片的主题，需要AI为第13页幻灯片生成与主题相关的内容，如图6-25所示。

图6-25 选择第13页幻灯片

步骤03 在菜单栏中，❶单击WPS AI按钮；❷在弹出的列表框中选择"AI帮我写"选项，如图6-26所示。

步骤04 弹出"主题生成"输入框，在标灰的第1个文本框中输入幻灯片主题"选择合适的投资者"，如图6-27所示。

步骤05 ❶在第2个文本框中输入200，限制生成字数；❷单击第3个文本框；❸在弹出的列表框中选择"有说服力"选项，如图6-28所示。

第6章 演示制作篇——AI设计助手

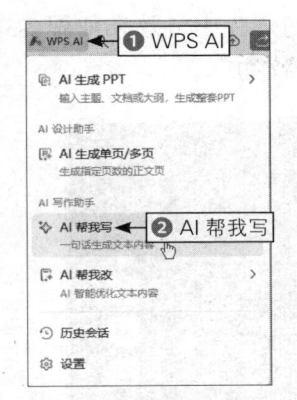

图6-26 选择"AI帮我写"选项

图6-27 输入幻灯片主题

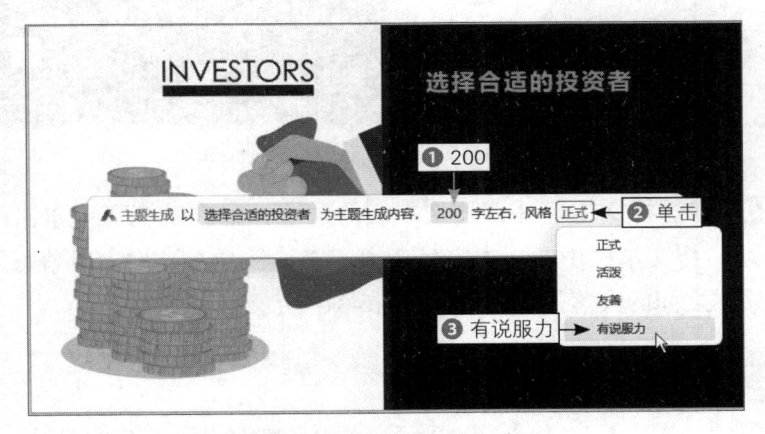

图6-28 选择"有说服力"选项

步骤06 单击 ▶ 按钮发送指令，AI即可根据主题生成相应的内容，单击"插入"按钮，如图6-29所示。

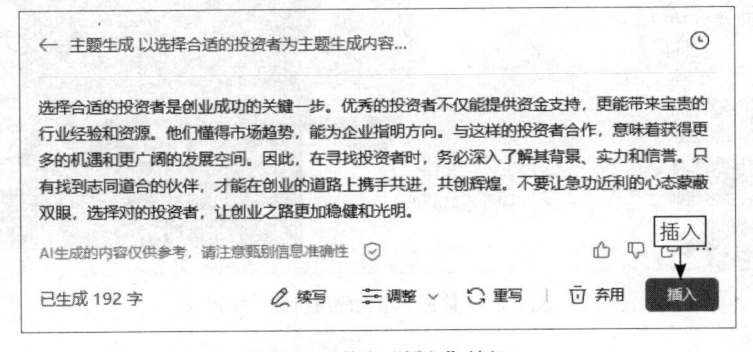

图6-29 单击"插入"按钮

139

步骤07 执行操作后，即可将AI生成的内容插入幻灯片中，效果如图6-30所示。

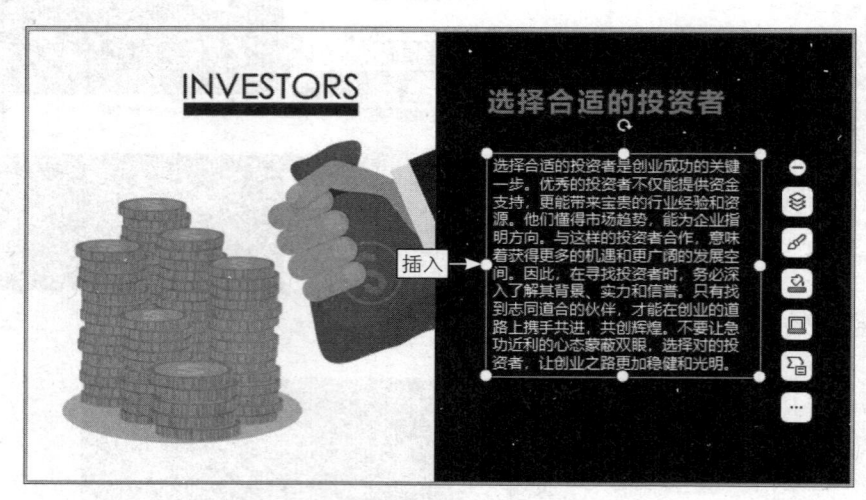

图6-30 将AI生成的内容插入幻灯片中

步骤08 ❶选择文本框并调整文本框的大小；❷在功能区中单击"增大字号"按钮A⁺，将文本框中的文本字号调大一点；❸单击"增大段落行距"按钮，增大文本之间的段落行距，效果如图6-31所示。

图6-31 单击"增大段落行距"按钮

6.2.3 AI续写幻灯片：季度述职报告

AI不仅能够根据主题生成幻灯片内容，还能根据幻灯片中已有的内容进行续写。下面以《季度述职报告》PPT为例，介绍续写正文页幻灯片内容的操作方法。

步骤01 打开《季度述职报告》PPT，如图6-32所示。

图 6-32　打开《季度述职报告》PPT

步骤02 进入第4页幻灯片，选择需要AI续写的文本内容，如图6-33所示。

图 6-33　选择需要 AI 续写的文本内容

步骤03 在菜单栏中，❶单击WPS AI按钮；❷在弹出的列表框中选择"AI帮我写"选项，如图6-34所示。

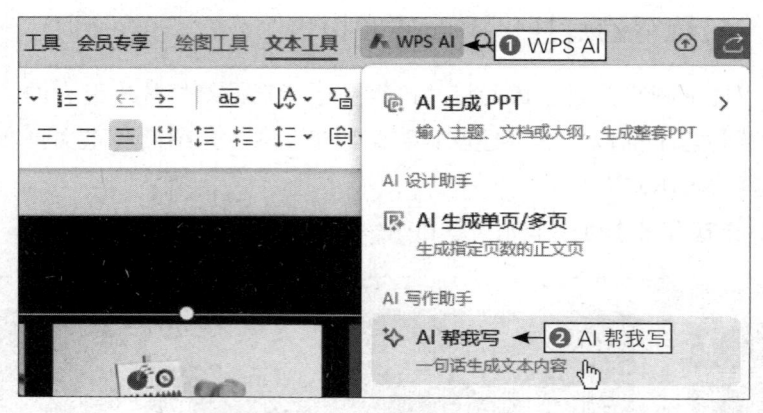

图6-34 选择"AI帮我写"选项

步骤04 弹出输入框,在下方的列表框中选择"AI帮我写"|"续写"选项,如图6-35所示。

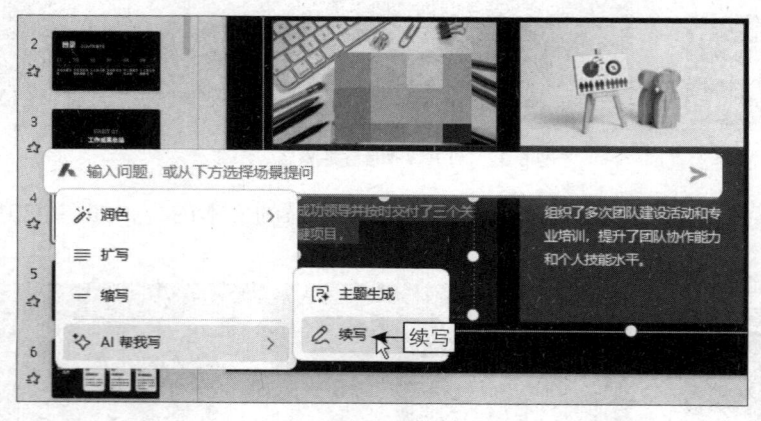

图6-35 选择"续写"选项

步骤05 执行操作后,AI即可续写内容,单击"插入"按钮,如图6-36所示。

图6-36 单击"插入"按钮

142

步骤06 执行操作后，即可将AI续写的内容插入到文本框中，效果如图6-37所示。

图6-37 将AI续写的内容插入到文本框中

6.2.4 提问生成内容：数字化转型趋势

AI还可以根据用户提出的问题来生成相关幻灯片内容，为用户提供数据支持，帮助用户进行详细阐述。下面以《数字化转型趋势》PPT为例，介绍通过向AI提问生成正文页幻灯片内容的操作方法。

步骤01 打开《数字化转型趋势》PPT，如图6-38所示。

扫码看教学视频

图6-38 打开《数字化转型趋势》PPT

步骤02 进入第4页幻灯片，选择需要AI生成相关内容的文本框，如图6-39所示。

143

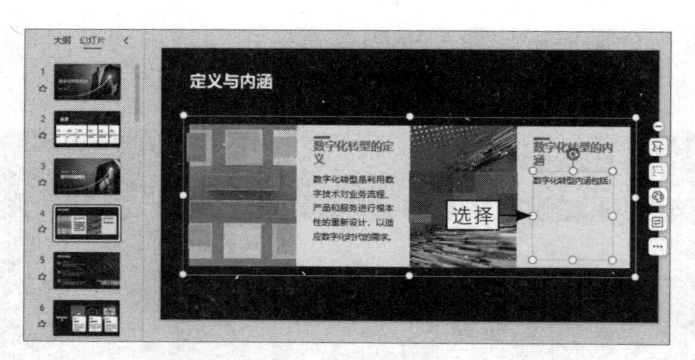

图 6-39 选择需要 AI 生成相关内容的文本框

步骤 03 在菜单栏中，❶单击WPS AI按钮；❷在弹出的列表框中选择"AI帮我写"选项，如图6-40所示。

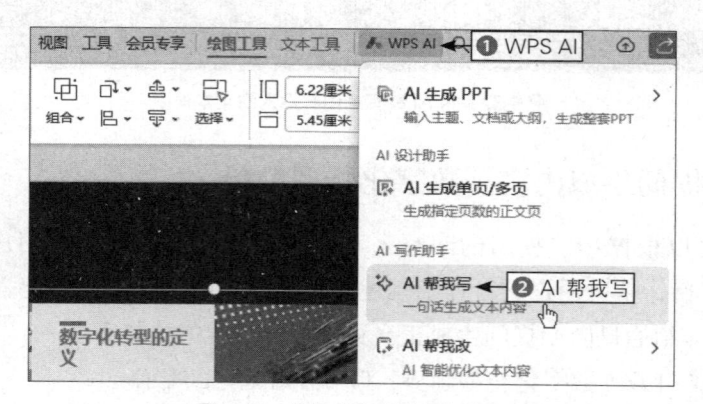

图 6-40 选择"AI 帮我写"选项

步骤 04 弹出输入框，输入提问内容"数字化转型的内涵包括哪几个方面？"如图6-41所示。

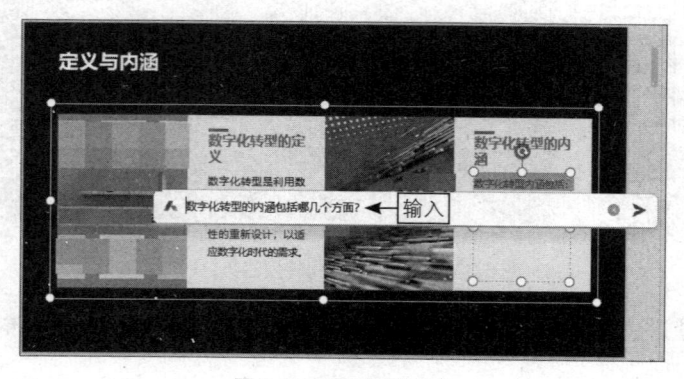

图 6-41 输入提问内容

步骤05 单击 ➤ 按钮发送提问内容，AI即可根据提问生成相关内容，单击"替换"按钮，如图6-42所示。

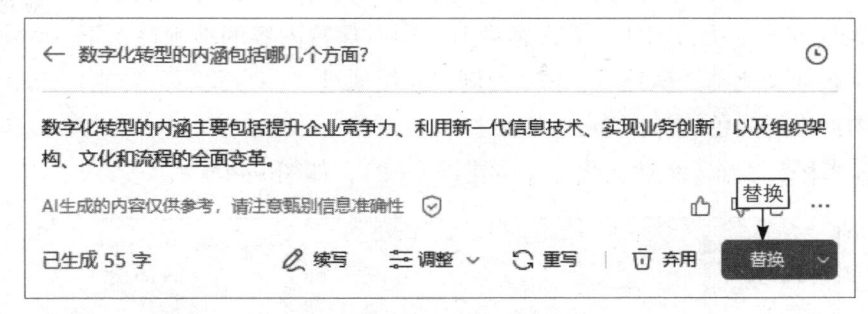

图 6-42 单击"替换"按钮

步骤06 执行操作后，即可替换文本框中的内容，如图6-43所示。

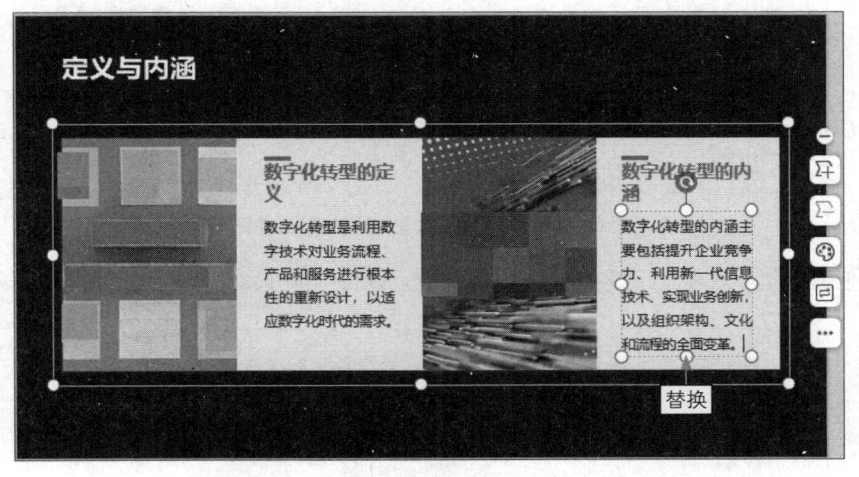

图 6-43 将文本框中的内容替换成 AI 生成的内容

6.3 AI 帮我改幻灯片

在制作好PPT后，用户可能需要对幻灯片进行润色、扩写或缩写。"AI帮我改"功能能够根据用户的需求，对幻灯片中的内容进行智能修改，确保幻灯片的表达更加清晰、简洁并符合专业标准。本节主要介绍使用"AI帮我写"功能修改幻灯片内容的操作方法。

6.3.1 AI润色：企业文化与团队建设

当用户对幻灯片中的内容不满意时，可以利用AI对其进行润色，改进表达方式，提升PPT的语言感染力，同时保持内容的准确性。下面以《企业文化与团队建设》PPT为例，介绍通过"AI帮我写"功能，让AI对幻灯片内容进行润色的操作方法。

扫码看教学视频

步骤01 打开《企业文化与团队建设》PPT，如图6-44所示。

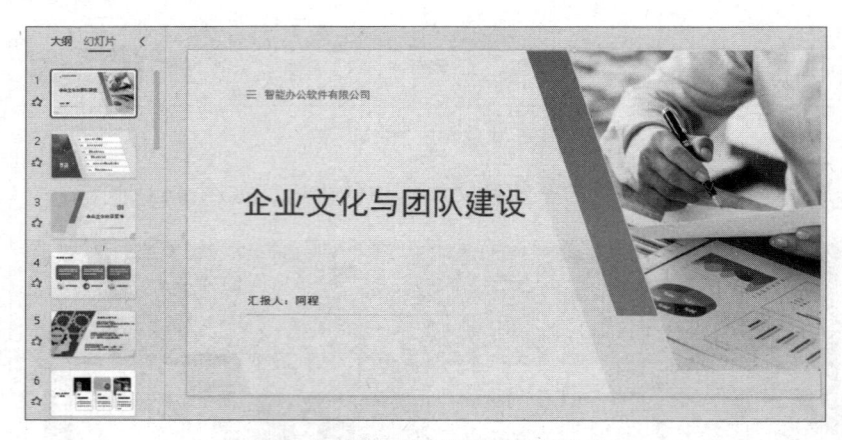

图6-44 打开《企业文化与团队建设》PPT

步骤02 进入第13页幻灯片，选择需要AI润色的文本内容，如图6-45所示。

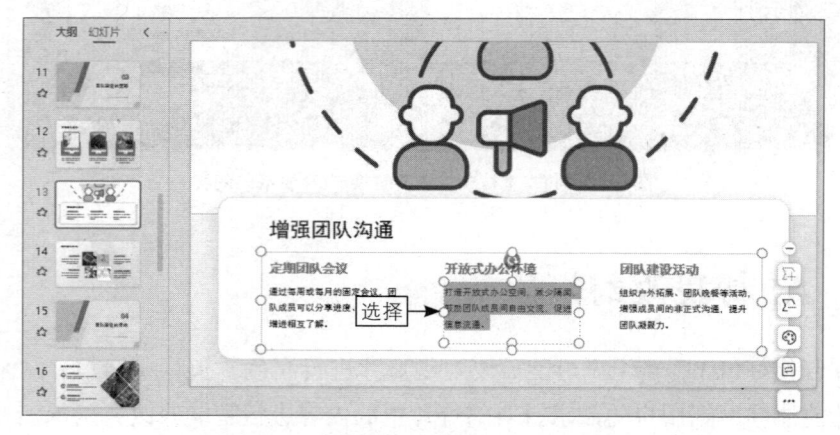

图6-45 选择需要AI进行润色的文本内容

步骤03 在菜单栏中，❶单击WPS AI按钮；❷在弹出的列表框中选择"AI帮我改"|"润色"|"快速润色"选项，如图6-46所示。

第6章　演示制作篇——AI设计助手

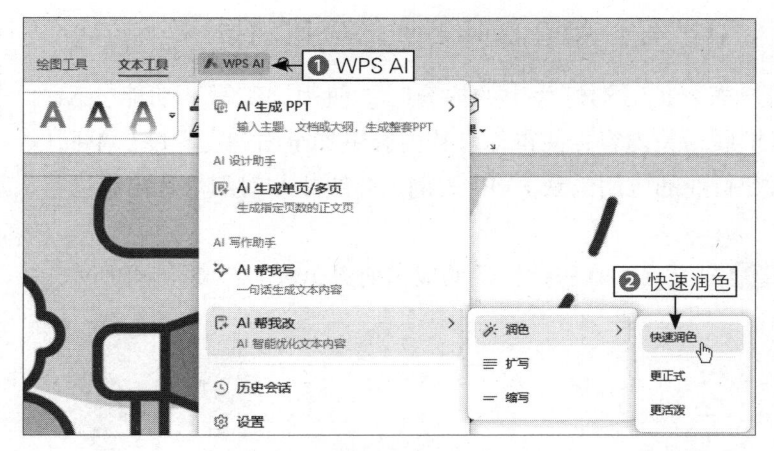

图 6-46　选择"快速润色"选项

步骤 04 执行操作后，AI即可快速润色，单击"替换"按钮，如图6-47所示。

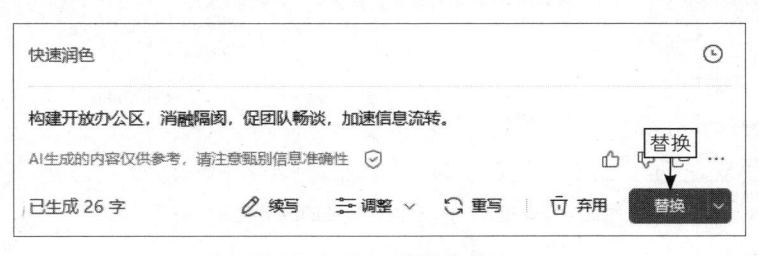

图 6-47　单击"替换"按钮

步骤 05 执行操作后，即可将文本框中的内容替换成AI润色后的内容，效果如图6-48所示。

图 6-48　将文本框中的内容替换成 AI 润色后的内容

147

6.3.2 AI扩写：AI在医疗行业的应用前景

当用户需要扩写幻灯片中的内容时，使用"扩写"功能，AI可以进一步扩展相关内容，使得幻灯片内容更加全面和有深度。下面以《AI在医疗行业的应用前景》PPT为例，介绍让AI对幻灯片内容进行扩写的操作方法。

步骤01 打开《AI在医疗行业的应用前景》PPT，如图6-49所示。

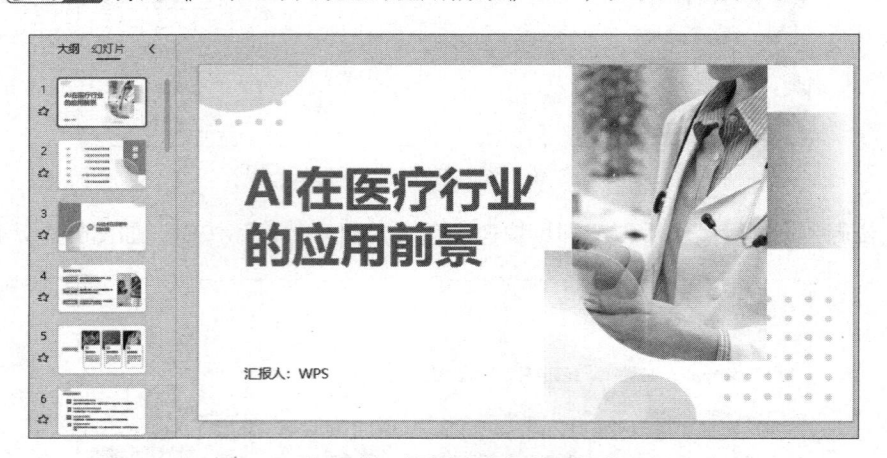

图6-49　打开《AI在医疗行业的应用前景》PPT

步骤02 进入第5页幻灯片，选择需要AI扩写的文本内容，如图6-50所示。

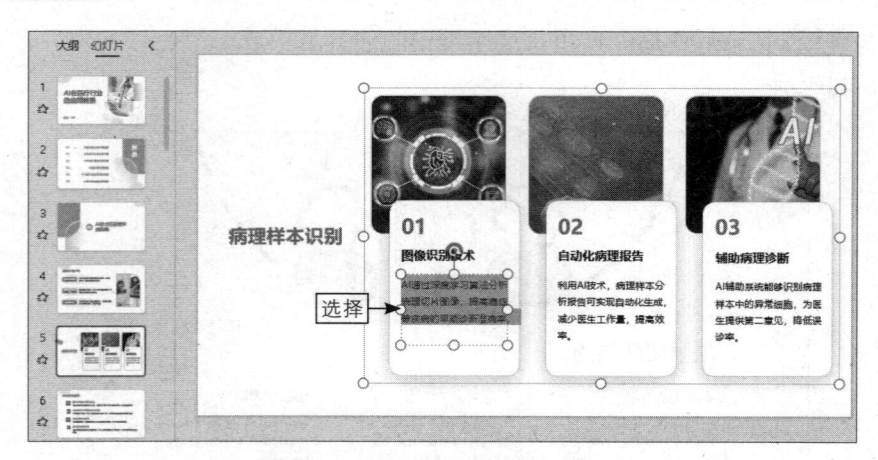

图6-50　选择需要 AI 扩写的文本内容

步骤03 连续两次按下【Ctrl】键，唤起WPS AI，在输入框下方的列表框中选择"扩写"选项，如图6-51所示。

第6章　演示制作篇——AI设计助手

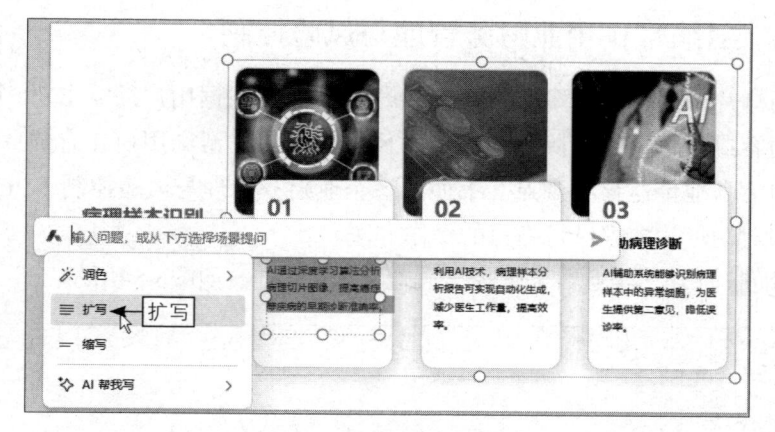

图6-51　选择"扩写"选项

步骤04 执行操作后，AI即可扩写所选内容，单击"替换"按钮，如图6-52所示。

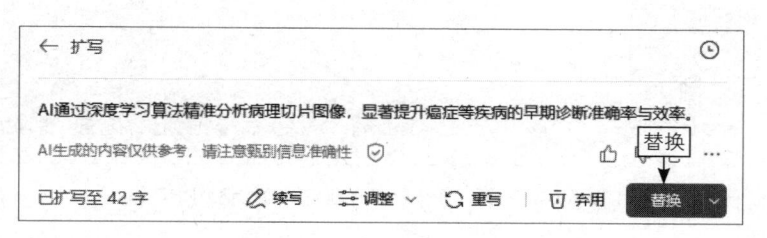

图6-52　单击"替换"按钮

步骤05 执行操作后，即可将文本框中的内容替换成AI扩写后的内容，效果如图6-53所示。

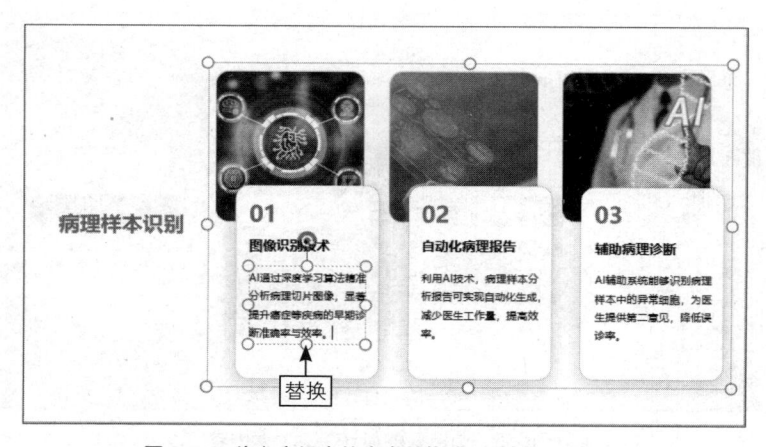

图6-53　将文本框中的内容替换成AI扩写后的内容

6.3.3 AI缩写：企业财务管理与风险控制

当幻灯片中的内容过多、过于复杂时，AI可以根据用户的需求对幻灯片内容进行精简，去除冗余信息，保留关键点，帮助用户在有限的时间内清晰地传达核心观点。下面以《企业财务管理与风险控制》PPT为例，介绍让AI对幻灯片内容进行缩写的操作方法。

步骤01 打开《企业财务管理与风险控制》PPT，如图6-54所示。

图6-54 打开《企业财务管理与风险控制》PPT

步骤02 进入第10页幻灯片，选择需要AI缩写的文本内容，如图6-55所示。

步骤03 连续两次按下【Ctrl】键，唤起WPS AI，在输入框下方的列表框中选择"缩写"选项，如图6-56所示。

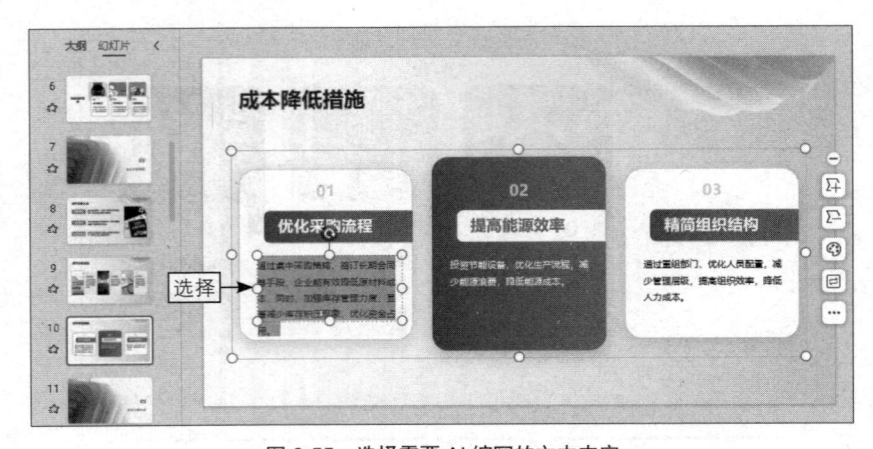

图6-55 选择需要AI缩写的文本内容

第6章 演示制作篇——AI设计助手

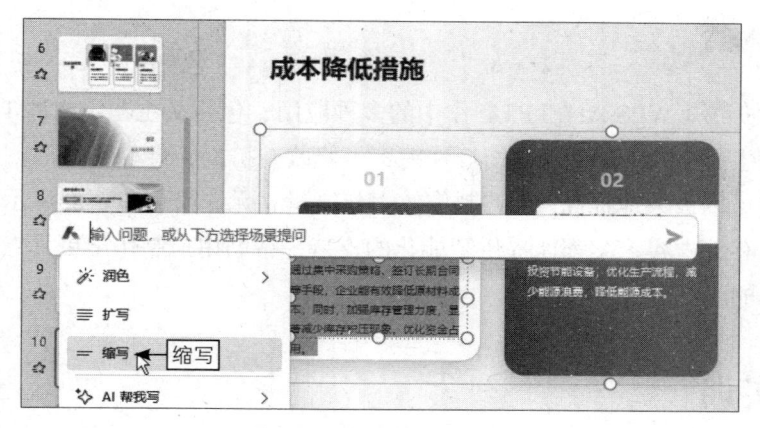

图6-56 选择"缩写"选项

步骤04 执行操作后，AI即可缩写所选内容，单击"替换"按钮，如图6-57所示。

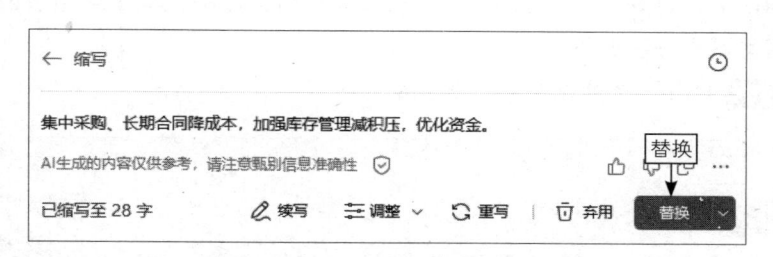

图6-57 单击"替换"按钮

步骤05 执行操作后，即可将文本框中的内容替换成AI缩写后的内容，效果如图6-58所示。

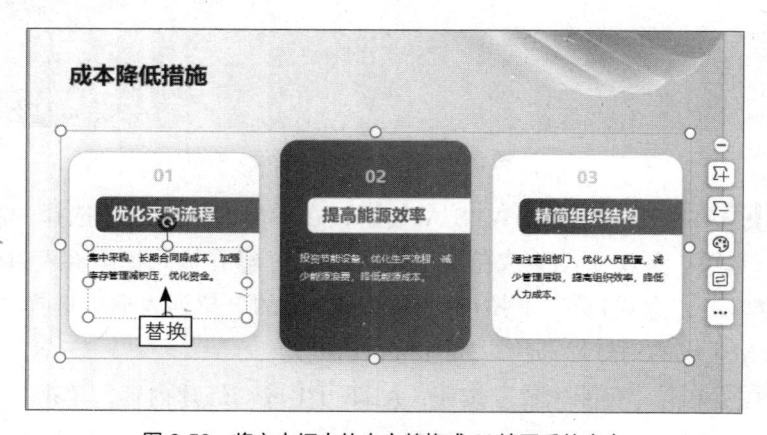

图6-58 将文本框中的内容替换成AI缩写后的内容

151

本章小结

本章介绍了WPS AI在PPT制作中的多种应用，包括从主题生成PPT、根据文档或大纲生成PPT，到让AI写幻灯片内容、修改与扩展幻灯片内容等。通过AI助手，用户可以极大地提高PPT的制作效率与质量，无论是创建新的演示文稿，还是修改已有的内容，AI都能提供智能化的支持，帮助用户制作出更具专业性和视觉吸引力的幻灯片。

课后实训

鉴于本章知识的重要性，为了帮助读者更好地掌握所学知识，本节将通过课后实训，帮助读者进行简单的知识回顾和补充。

实训任务：打开一个演示文稿，唤起WPS AI，让AI根据主题生成6页幻灯片内容，相关操作方法如下。

步骤01 打开一个演示文稿，如图6-59所示。

图6-59　打开一个演示文稿

步骤02 在菜单栏中单击WPS AI按钮，在弹出的列表框中选择"AI生成单页/多页"选项，弹出"AI生成单页/多页"面板，❶在输入框中输入封面页中的主题；❷单击"生成1页"下拉按钮；❸在弹出的下拉列表框中选择"6页"选项，设置AI生成的幻灯片页数，如图6-60所示。

步骤03 单击"智能生成"按钮，AI即可生成幻灯片内容，单击"生成幻灯片"按钮，如图6-61所示。

第6章 演示制作篇——AI设计助手

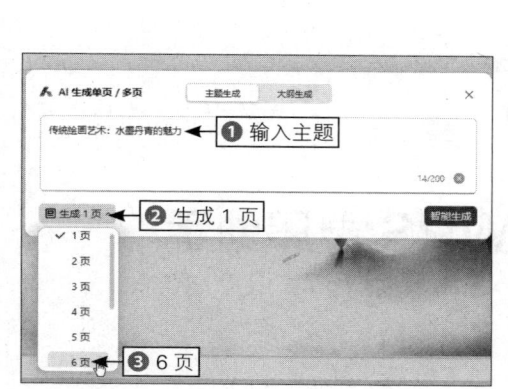

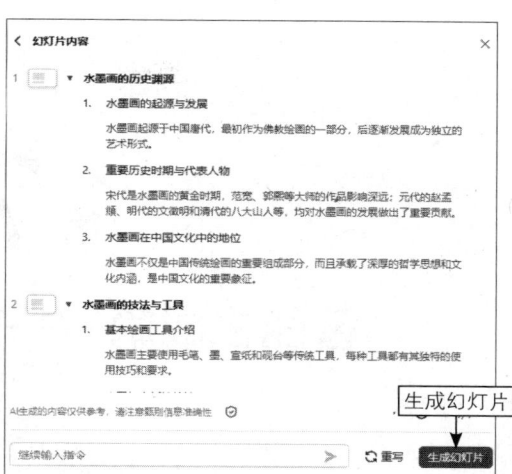

图 6-60 选择"6 页"选项　　　　图 6-61 单击"生成幻灯片"按钮

步骤 04 执行操作后，AI即可生成6页正文页幻灯片，效果如图6-62所示。

图 6-62　AI 生成 6 页正文页幻灯片（部分效果）

153

第 7 章

智能生成篇——WPS 灵犀助手

> **本章要点**
>
> WPS灵犀是由WPS推出的AI智能办公助手，它通过集成先进的人工智能技术，为用户提供了一系列智能化的办公工具和功能。WPS灵犀助手以其强大的信息处理和内容生成能力，帮助用户在繁忙的工作中更高效地获取所需信息和完成任务。本章将详细介绍WPS灵犀的主要功能，以及使用模板快速创作的方法。

7.1 WPS 灵犀的主要功能

WPS灵犀助手的核心优势在于其AI交互式对话、全网信息收集、文档内容理解和总结、PPT一键生成、长文写作辅助及网页内容摘要等能力，旨在简化日常工作流程，提高工作效率，同时激发创意和灵感。本节将详细介绍WPS灵犀助手的几个主要功能。

7.1.1 对话：AI交互式生成

WPS灵犀助手的对话功能，允许用户通过自然语言与AI进行交流，实现信息的快速获取和内容的智能生成。用户只需提出需求，灵犀助手便能提供即时的反馈和解决方案，具体操作如下。

扫码看教学视频

步骤01 在WPS Office首页左侧，单击"灵犀"按钮，如图7-1所示。

步骤02 执行操作后，即可进入"WPS灵犀"界面，如图7-2所示。

图 7-1　单击"灵犀"按钮　　　　图 7-2　进入"WPS 灵犀"界面

步骤03 在输入框中输入相应的指令，单击▶按钮，稍等片刻，AI即可生成与指令相关的内容，相关指令及回复内容如下。

提问

设计一个具有科技感的LOGO，品牌名为"未来视界"。

WPS 灵犀

设计一个具有科技感的LOGO需要考虑几个关键要素：简洁、易读、现代、科技元素和品牌个性。下面我会给出一个示例性设计思路，虽然无法直接展示图像，但可以描述设计细节供您参考。

1. 品牌名称的字体设计："未来视界"这4个字的字体设计应该选择现代感强、简洁有力的无衬线字体。可以尝试对字体进行轻微的变形或添加细节，以增强科技感，例如在"未来"中的"未"字横画末尾可以加上小的斜角，或者在"界"字的右边加上类似光栅的线条，来模拟屏幕像素或科技脉冲。

2. 色彩选择：具有科技感的LOGO通常会使用冷色调，比如蓝色、紫色、银色和灰色等，这些颜色给人一种高端、现代的感觉。可以考虑一种渐变色或带有金属质感的色彩方案，例如从深蓝到浅蓝的渐变，或者加入光泽效果来增强科技感。

3. 图形元素：可以添加一些象征科技的图形，比如光速线条、电路板图案、抽象的光线效果或者数字代码等。这些元素可以围绕文字部分设计，或者与文字结合形成一个整体。可以考虑将"视界"两字视觉化为一个屏幕或窗口的形状，以传递出"观看未来"的概念。

4. 简化和抽象化：为了确保LOGO的易读性，图形元素不宜过于复杂。可以将复杂的科技图案抽象化，简化成几个基本的几何形状或线条，这样既保持了科技感，又易于识别和记忆。

5. 负空间的运用：可以巧妙地利用文字与图形之间的负空间，例如在"未来"两字之间设计一个空间，形成一个具有科技感的图标或者图形，以增强视觉吸引力。

结合以上元素，你最终可以得到一个既具有科技感又不失品牌个性的"未来视界"LOGO。在实际设计时，你可以使用专业图形设计软件如Adobe Illustrator进行制作。如果你需要将这个想法转化为实际的LOGO设计文件，请使用这些指导思路并结合你自己的审美和品牌理解。

☆ 专家提醒 ☆

LOGO（标志）是一种视觉识别元素，通常由图形、文字或者两者结合构成，用于识别和区分一个公司、组织、产品或服务。LOGO的设计旨在传达品牌的核心价值、理念和个性，同时在消费者心中建立起品牌识别度。

7.1.2　AI搜索：纵览实时资讯

WPS灵犀的"AI搜索"功能，允许用户迅速获取最新的行业资讯和相关信息。用户只需输入关键词，WPS灵犀便能通过智能算法筛选出最相关的网络资源，提供高质量的信息源。这不仅节省了用户的搜索时间，还确保了信息的准确性和时效性，帮助用户保持对行业动态的敏锐洞察。

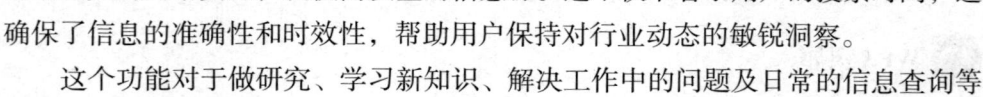

这个功能对于做研究、学习新知识、解决工作中的问题及日常的信息查询等都非常有用，具体操作如下。

第7章 智能生成篇——WPS灵犀助手

步骤01 进入"WPS灵犀"界面，单击"AI搜索"按钮，如图7-3所示。

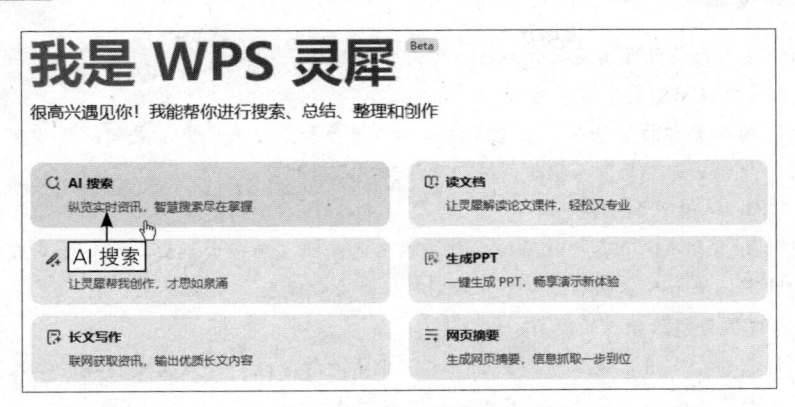

图7-3 单击"AI搜索"按钮

步骤02 进入"AI搜索"选项卡，如图7-4所示。

图7-4 进入"AI搜索"选项卡

步骤03 在输入框中输入相应的指令，相关指令如下。

提问

当代职场人面临的矛盾。

步骤04 单击▶按钮，AI即可开始搜索全网资讯，如图7-5所示。

图7-5 AI搜索全网资讯

步骤05 稍等片刻，AI即可生成回复，内容如下。

157

WPS 灵犀

当代职场人面临的矛盾主要体现在以下几个方面。
1.个人进步与组织需求的矛盾：
当代职场人常常面临个人不断进步的需求与领导和企业安逸需求之间的矛盾。个人追求能力提升和薪资增长，而组织则倾向于维持现状和稳定。
2.工作与个人生活的平衡：
职场的高压力和快节奏导致保持工作与生活的平衡成为一大挑战。加班加点或工作与家庭的冲突，使个人难以在追求事业的同时保持身心健康。
3.个人发展与团队合作的矛盾：
在职场中，个人追求成长与团队合作之间常常存在矛盾。个人需要在提升个人能力的同时学会与团队合作，实现共同目标。
4.自信与谦虚的矛盾：
职场中需要自信以应对挑战，但过度自信可能导致骄傲自大。在保持自信的同时，也要保持谦虚，尊重他人的意见和建议。
……
通过上述内容，我们可以看到，当代职场人的矛盾是多方面的，包括个人成长与组织需求、个人与团队关系、工作与生活平衡、自信与谦虚、稳定与创新、工作压力与心理健康、智商与工作套路、奋斗与机会、面子与赚钱，以及沟通与理解等各个方面。职场人需要在这些矛盾中寻找平衡点，同时需要通过沟通和自我提升来解决问题。

7.1.3 读文档：AI总结要点

在处理大量文档时，WPS灵犀的"读文档"功能显得尤为重要。用户只需上传需要分析的文档，WPS灵犀即可自动提取出关键信息并生成简洁明了的摘要。这一功能使得用户能够在短时间内把握文档核心内容，极大地提高了阅读效率，尤其适合需要快速审阅大量资料的用户，具体操作如下。

步骤01 进入"WPS灵犀"界面，单击"读文档"按钮，如图7-6所示。

图7-6 单击"读文档"按钮

第7章 智能生成篇——WPS灵犀助手

步骤02 进入"AI阅读"选项卡，单击"本地文件"按钮，如图7-7所示。

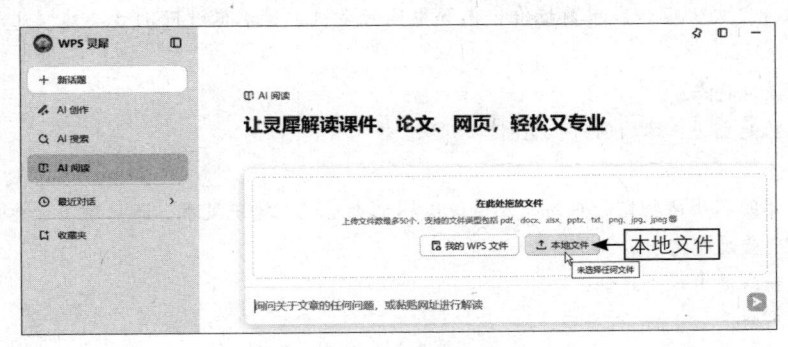

图 7-7 单击"本地文件"按钮

步骤03 弹出"打开"对话框，选择一个文档，单击"打开"按钮，将其上传至"AI阅读"选项卡的输入框中，如图7-8所示。

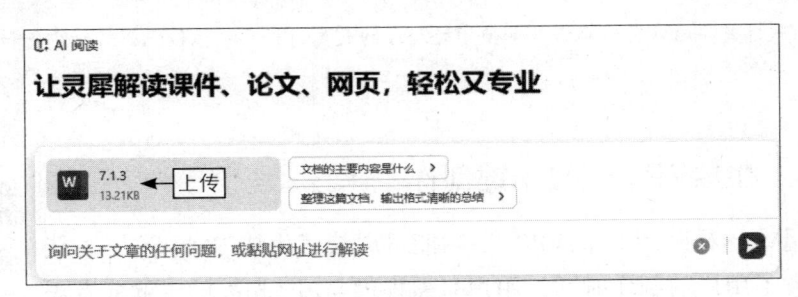

图 7-8 上传一个文档

步骤04 在输入框中输入相应的指令，单击▶按钮，AI即可总结文档中的要点，相关指令及回复内容如下。

提问

阅读文档并输出格式清晰的要点总结。

WPS 灵犀

古建筑与现代建筑之间的对比、融合与借鉴要点总结
摘要
本文探讨了古建筑与现代建筑在设计、材料、文化表达上的对比与融合，以及现代建筑如何借鉴传统美学以提升文化价值和审美效果。
一、设计对比与融合

159

传统设计特点：
遵循特定文化理念和审美标准，例如中国对称性、风水学、欧洲古典建筑比例和谐与对称。
现代设计特点：
强调功能主义、结构创新、空间流动性。
案例分析：
贝聿铭的苏州博物馆新馆结合了传统园林元素与现代建筑技术，既保留了古典韵味，又满足现代功能需求。
二、材料使用对比与融合
传统材料：
多采用自然材料如木材、石材、砖瓦等，与当地环境和文化紧密相连。
现代材料：
倾向于使用钢铁、玻璃、混凝土等工业材料，追求轻盈、透明、大跨度。
材料融合：
在现代建筑中融入传统元素，如使用处理过的天然材料，模拟传统材料的质感和色彩。
案例分析：
……

7.1.4 生成PPT：AI一键创作

使用WPS灵犀的"生成PPT"功能可以快速生成PPT。这一功能大大节省了用户的制作时间，用户只需提供与PPT相关的主题或者需求，WPS灵犀即可根据主题自动生成结构合理、设计美观的PPT，并且还提供了多种模板样式，用户可以根据自己的喜好来选择模板，AI将根据用户选择的模板生成PPT，具体操作如下。

步骤01 进入"WPS灵犀"界面，在输入框的上方单击"生成PPT"按钮，即可进入"生成PPT"模式，在输入框中，输入要创作的PPT主题"茶文化：茶道与茶艺"，如图7-9所示。

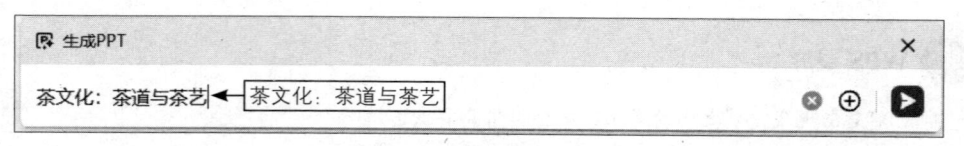

图7-9 输入要创作的PPT主题

步骤02 单击▶按钮，稍等片刻，AI即可生成PPT大纲内容，在结尾处单击"生成PPT"按钮，如图7-10所示。

第7章 智能生成篇——WPS灵犀助手

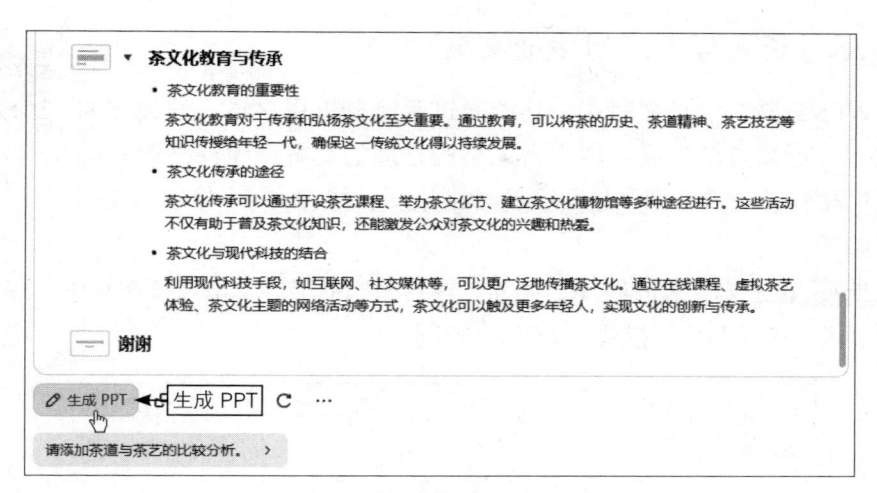

图 7-10 单击"生成 PPT"按钮

步骤 03 执行操作后，即可生成一份完整的PPT，如图7-11所示。单击"下载"按钮，即可将AI生成的PPT下载至本地文件夹中。

图 7-11 AI 生成一份完整的 PPT

☆ 专家提醒 ☆

如果用户不喜欢AI生成的模板样式，可以切换至"模板"选项卡，重新挑选合适的模板；还可以切换至"对话"选项卡，与WPS灵犀助手进行对话。

161

7.1.5 长文写作：AI生成文案

WPS灵犀的"长文写作"功能通过智能分析用户输入的关键词和主题，可以自动生成内容丰富、结构合理的文案，无论是撰写市场推广材料、产品介绍，还是撰写学术论文、博客文章，都能一键生成，具体操作如下。

步骤01 进入"WPS灵犀"界面，在输入框的上方单击"长文写作"按钮，即可进入"长文写作"模式，如图7-12所示。

图 7-12 进入"长文写作"模式

步骤02 在输入框中输入指令，单击▶按钮，稍等片刻，AI即可根据指令生成文案，相关指令及回复内容如下。

提问

帮我写一篇关于[灵活工作制的实践与效果]的长篇文章，要求结构清晰、通俗易懂。

WPS 灵犀

灵活工作制的实践与效果
灵活工作制的兴起与发展
灵活工作制的定义与类型
灵活工作制，亦称弹性工作制，是一种工作安排方式，它赋予员工在工作时间、地点和方式上的更大自主权。在这种制度下，员工可以根据个人情况和工作需求，灵活选择工作时间、地点甚至工作方式。它包括但不限于以下几种类型。
弹性工作时间制：员工可以自由选择开始和结束工作的时间，只要保证完成既定的工作任务和工作时长即可。
远程工作制：员工可以在家或其他非传统办公环境中完成工作任务，减少了通勤时间，提高了工作的灵活性。
轮班工作制：员工根据工作需要，按照不同的时间段轮换工作班次，以满足24小时运营的需求。
灵活工作制的实施，旨在提高工作效率，提高员工满意度，同时促进工作与生活的平衡。

> **灵活工作制的全球发展趋势**
> 随着科技的飞速发展和全球化进程的加快，灵活工作制在全球范围内逐渐成为一种主流的工作方式。企业开始更加注重员工的个性化需求和自主性，灵活工作制因此呈现出更加多样化的发展趋势。例如，一些公司允许员工完全远程工作，而另一些公司则提供混合工作模式，结合了远程工作和传统办公室工作的优点。这种趋势不仅提高了员工的工作满意度，还促进了企业文化的多元化和包容性。
> ……

7.1.6 网页摘要：AI解读网址

在浏览网页时，WPS灵犀助手能够快速解读网页内容，为用户提供网页摘要，帮助用户快速掌握网页核心信息，具体操作如下。

步骤01 进入"WPS灵犀"界面，在输入框的上方单击"网页摘要"按钮，即可进入"网页摘要"模式，如图7-13所示。

图 7-13 进入"网页摘要"模式

步骤02 在输入框中输入指令，单击 ▶ 按钮，稍等片刻，AI即可根据指令生成文案，相关指令及回复内容如下。

提问

[公众号文章的网页链接]请总结网页中的大纲和主要观点。

WPS 灵犀

根据提供的网页内容，以下是该网页的大纲和主要观点。
大纲
1.引入话题：讨论AI摄影工具的现状和问题。
2.推荐产品：介绍即梦AI摄影兼绘画工具。
3.即梦AI的功能展示：
· 以文生图和以图生图的能力。
· 文生视频和图生视频的功能。
· 展示即梦AI生成的各类作品，包括真实摄影、艺术风格绘画作品、商品或产品等。

> ·介绍即梦AI的特色功能，如更换颜色、扩图、局部重绘等。
> ·说明即梦AI可以生成动态视频，包括柯基视频、对口型视频、小狗视频、特效视频等。
> ……
> 主要观点
> 1.即梦AI被描述为一个功能强大的中文AI摄影兼绘画工具，由字节跳动公司研发。
> 2.该工具不仅能够生成静态图片，还能生成动态视频，具有高度的创意和实用性。
> 3.网页通过展示即梦AI生成的作品，强调其在色调、质感、光影等方面的表现力。
> 4.网页推荐了一本关于即梦AI使用技巧的书籍，并提供了丰富的学习资源，如教学视频、素材文件等。
> 5.书籍和资源的购买信息被详细列出，方便读者购买学习。
> 6.网页最后提供了作者的联系方式，并鼓励新读者关注公众号。
> 请注意，以上总结是基于提供的网页内容摘要，实际网页可能包含更多细节和信息。

7.2 AI 创作

在"WPS灵犀"界面的"AI创作"选项卡和"快速创作"模板库中，为用户提供了丰富的创作模板，用户可以根据需要选择合适的模板，随即根据提示编写指令，快速完成创作。本节将以不同场景的案例为例，详细介绍使用模板快速创作的方法。

7.2.1 学习教育：生成学生评语

在教育领域，WPS灵犀助手可以根据学生的表现为教师生成个性化的学生评语，提高教师的工作效率，具体操作如下。

步骤01 进入"WPS灵犀"界面，在输入框的上方单击"快速创作"按钮，如图7-14所示。

图 7-14　单击"快速创作"按钮

步骤02 进入"快速创作"模式，在输入框上方弹出的面板中显示了各类模板，❶单击"学习教育"标签；❷选择"学生评语"模板，如图7-15所示。

第7章 智能生成篇——WPS灵犀助手

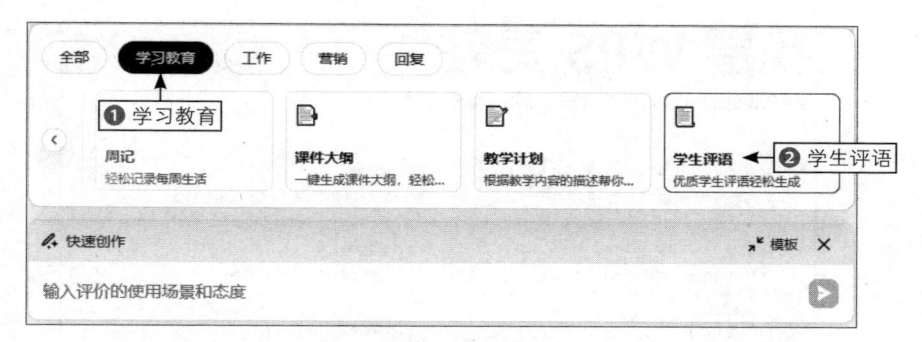

图 7-15 选择"学生评语"模板

步骤03 在输入框中输入评价的使用场景和态度，单击▶按钮，AI即可生成优质的学生评语，相关指令及回复内容如下。

提问

为勤奋好学、成绩优异的小明生成期末评语，鼓励其继续保持。

WPS 灵犀

小明同学在本学期表现出了极高的学习热情和扎实的学习能力。

他勤奋好学，对知识的追求永无止境，这种积极向上的学习态度值得每一位同学学习。

他不仅在课堂上积极参与，而且在课后也能够认真复习和拓展，使得他的成绩始终名列前茅。

小明同学的优异表现是对自己努力的最好证明，也是我们所有人的骄傲。希望小明能够继续保持这份对学习的热爱和追求，不断挑战自我，攀登更高的学术高峰。同时，也期待他在未来的学习生活中能够分享自己的学习经验，激励更多的同学共同进步。

7.2.2 职场办公：生成群发公告

在职场办公场景中，WPS灵犀助手的智能功能可以帮助用户快速生成群发公告，以提高工作效率和沟通效率，具体操作如下。

扫码看教学视频

步骤01 进入"WPS灵犀"界面，单击"快速创作"按钮，如图7-16所示。

步骤02 进入"AI创作"选项卡，❶单击"工作"标签；❷选择"群发公告"模板，如图7-17所示。

步骤03 在输入框中输入群发的主要内容，单击▶按钮，AI即可生成群发公告，相关指令及回复内容如下。

165

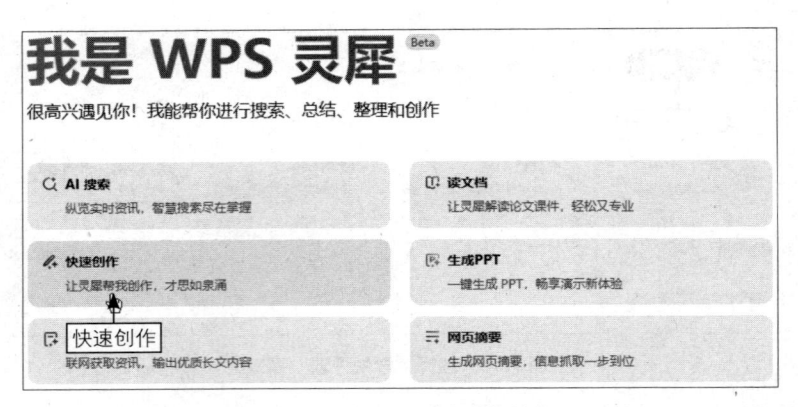

图 7-16 单击"快速创作"按钮

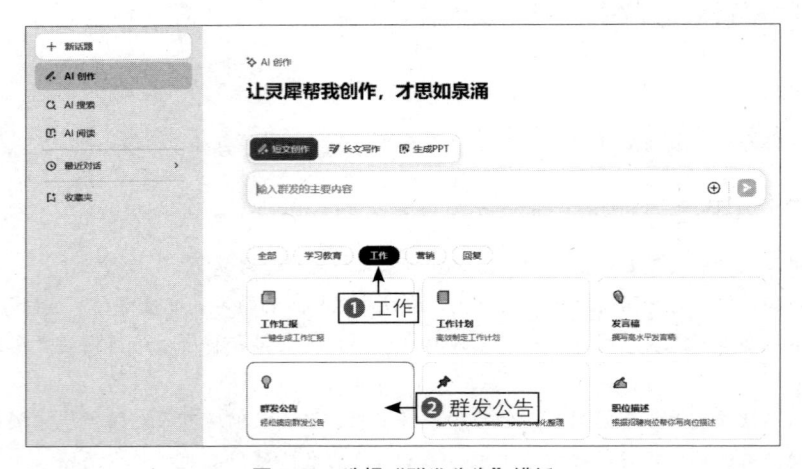

图 7-17 选择"群发公告"模板

提问

通知全体员工参加公司年会，要求语气正式，包含日期和地点。

WPS 灵犀

尊敬的全体员工，

主题：诚邀参加年度盛会

随着一年的辛勤工作进入尾声，我们即将迎来公司一年一度的盛事——年度总结大会。请各位员工准时参加，共同回顾一年来的成就与挑战，并展望新一年的发展蓝图。

详细安排如下：

日期：2024年12月20日（星期五）

时间：下午2点至5点

地点：国际会议中心，宴会大厅

请务必携带年度总结报告，并准备分享本年度个人或团队的亮点和经验。此外，年会期间将有表彰环节，届时会对过去一年表现突出的个人和团队进行嘉奖。

请大家务必预留出时间，按时出席，共同见证这一重要时刻。让我们携手共进，再创佳绩！

感谢大家的配合与支持。

顺祝商祺，

[您的姓名或职位]

[公司名称]

[日期]

7.2.3 人事招聘：生成职位描述

在人事招聘领域，WPS灵犀助手能够根据用户提供的职位要求和公司文化，快速生成精准、专业的职位描述，具体操作如下。

步骤01 进入"WPS灵犀"界面，❶单击"AI创作"按钮，进入"AI创作"选项卡；❷单击"工作"标签；❸选择"职位描述"模板，如图7-18所示。

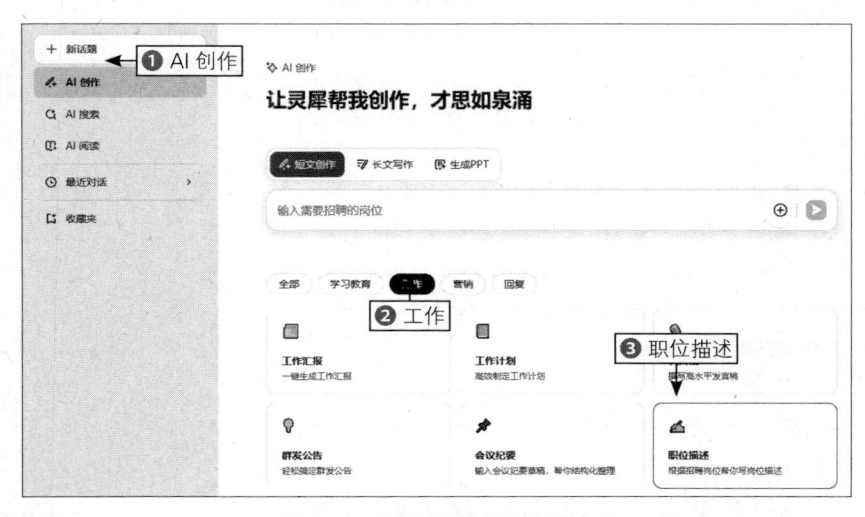

图 7-18 选择"职位描述"模板

步骤02 在输入框中输入要招聘的岗位及要求，单击 ▶ 按钮，AI即可生成职位描述，相关指令及回复内容如下。

提问

招聘软件工程师，要求突出技术能力、团队合作精神，以及适应快节奏工作环境的能力。

WPS 灵犀

职位名称：软件工程师

公司简介：

我们是一家在行业内领先的科技公司，专注于利用前沿技术解决复杂的问题。我们致力于创造一个充满活力的工作环境，在这里，才华横溢的专业人士可以发挥他们的创造力，共同扩展技术的边界。

职位描述：

我们正在寻找一位有才华、有热情的软件工程师加入我们的团队，与我们一起完成激动人心的项目。作为软件工程师，您将与跨职能团队紧密合作，共同开发和维护我们的软件产品。

以下是我们正在寻找的技能和资质。

1. 核心职责

·设计、开发和实施新的软件程序。

·维护和改进现有软件。

·对软件进行持续测试和调试，确保其性能和稳定性。

·与产品团队合作，确保技术解决方案满足业务需求。

·为技术文档提供编写和维护支持。

·与团队成员合作，分享知识，促进创新和最佳实践。

2. 技术能力要求

·计算机科学、软件工程或相关领域的学士学位。

·至少3年软件开发经验。

·精通至少一种编程语言（如Java、C++、Python等）。

·对软件开发生命周期有深刻理解。

·熟悉数据库管理和优化。

……

加入我们，一起引领技术革命，打造未来！

7.2.4 社媒营销：生成小红书文案

在社交媒体营销领域，WPS灵犀助手能够根据创作主题、产品定位以及营销目标等，快速生成吸引人的小红书文案，具体操作如下。

第7章 智能生成篇——WPS灵犀助手

步骤01 进入"WPS灵犀"界面，❶单击"AI创作"按钮，进入"AI创作"选项卡；❷单击"营销"标签；❸选择"小红书"模板，如图7-19所示。

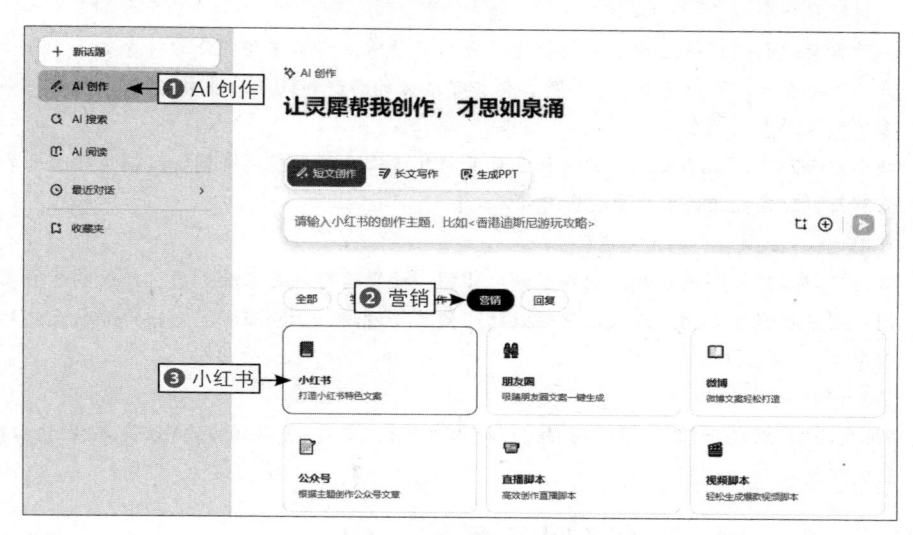

图 7-19　选择"小红书"模板

步骤02 在输入框中输入小红书的创作主题，单击▶按钮，AI即可生成小红书推广文案，相关指令及回复内容如下。

提问

为高端护肤品品牌生成小红书推广文案，强调天然成分和抗衰老效果，吸引25～35岁的女性用户。

WPS 灵犀

标题：逆龄的秘密，就藏在这些纯天然成分里！
正文：
"好用到哭"系列又来啦！家人们，今天要给你们种草一款我亲身试过的高端护肤品，它不仅能让你的肌肤喝饱水，还能有效对抗岁月的痕迹，简直是抗衰老的神器！
【天然成分】
每一瓶都融入了珍贵的天然成分，比如深海海藻提取物和高山玫瑰精华，它们对皮肤有着卓越的滋养和修复作用。使用后，你的肌肤将感受到前所未有的舒适和活力。
【抗衰老效果】
重点来了！这个品牌的产品采用了最新的科研成果，能够有效刺激胶原蛋白的生成，帮助肌肤抵御自由基的侵害。坚持使用，细纹、松弛等岁月问题统统say good bye（说再见）！

【科研背书】

品牌背后的科研团队是业界的佼佼者，他们用科学证明了这些成分的神奇功效。每一款产品都是在严格的质量监控下生产，保证了成分的新鲜和效果的最大化。

【适用人群】

特别适合25岁以上的女性，是时候让你的护肤步骤升级了！别等到细纹悄悄爬上来才后悔莫及，现在就开始用这款抗衰老神器吧！

首图建议：

首图可以选用产品图片和使用前后的对比图。使用前可以是肌肤干燥、细纹明显等，使用后则呈现肌肤水润、细纹淡化的效果。图片要清晰，色调温暖，突出产品的天然和高端感。

爆款词：

#抗衰老#天然成分#高端护肤#肌肤逆龄#保养秘诀#必看#美丽秘方#留住青春#护肤心得#肌肤焕变

7.2.5 情商回复：高效回应领导

在职场中，高效且恰当地回应领导是非常重要的，它不仅能够展示你的专业能力，还能体现你的情商。WPS灵犀助手可以帮助你生成合适的回复，以确保你的回应既专业又得体，具体操作如下。

步骤01 进入"AI创作"选项卡，❶单击"回复"标签；❷选择"回复领导"模板，如图7-20所示。

步骤02 在输入框中输入回复的主要内容，单击▶按钮，AI即可生成回复领导的内容，相关指令及回复内容如下。

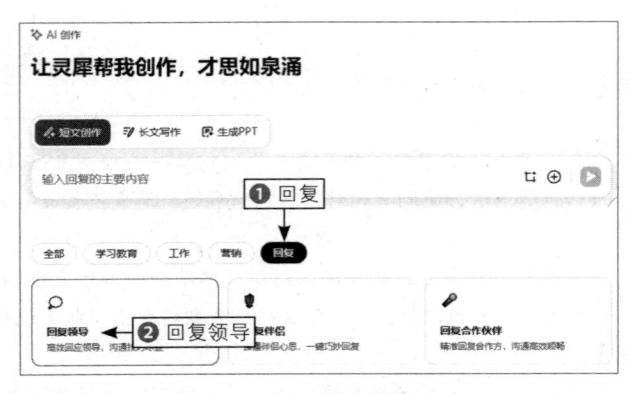

图7-20 选择"回复领导"模板

提问

领导询问项目进度，需要一个既展示工作成果又表明下一步计划的回复。

WPS 灵犀

回复1：
尊敬的领导，
感谢您的关注，项目目前正按计划稳步进行中。我们已经完成了初步设计和市场调研部分，接下来将进入开发阶段的详细规划。预计在下个季度完成原型开发，并开始内部测试。期待下阶段工作的顺利开展，我们将持续保持进度更新，确保项目目标的达成。
回复2：
领导您好，
项目进展顺利，目前我们已完成阶段性目标，包括需求分析和关键技术点的突破。下一步计划是启动产品开发，同时加强与相关部门的沟通协作，确保项目资源的最优配置。我们有信心在预定时间内达到下一里程碑，并及时向您汇报项目最新动态。
回复3：
领导，
非常感谢您的关心。目前项目状态良好，我们已成功完成首期用户测试，并根据反馈进行了相应的产品优化。接下来的计划是加强功能开发，准备下一轮的用户测试。我们团队对实现项目的长期目标充满信心，并将定期向您提供项目进度报告。

7.3 AI 快捷设置

在"WPS灵犀"界面的左下角，单击 按钮，在弹出的"设置"面板中，可以进行快捷设置，包括"截图""划词工具栏""AI写作"功能。本节将详细介绍这3个设置功能的使用方法。

7.3.1 截图问答：快速新建会话

WPS灵犀为用户提供了"截图"功能，可以进行截图问答，并快速新建一个会话；还可以设置快捷键，快速截图，具体操作如下。

扫码看教学视频

步骤01 进入"WPS灵犀"界面，在左下角单击 按钮，如图7-21所示。

步骤02 弹出"设置"面板，默认进入"截图"选项卡，如图7-22所示，其中介绍了"截图"功能的使用方法和作用等。

WPS AI智能办公应用技巧大全

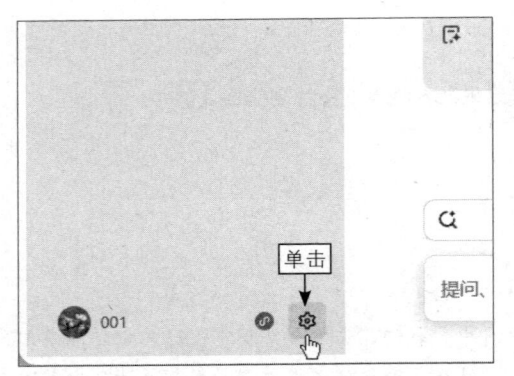

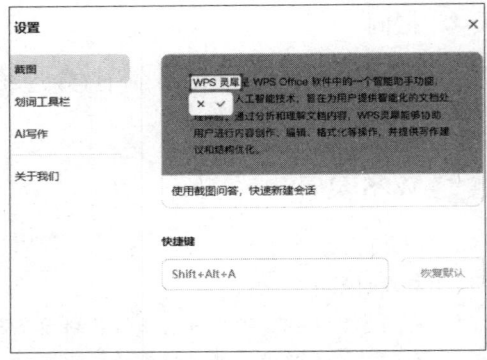

图 7-21 单击❀按钮　　　　　　　图 7-22 进入"截图"选项卡

步骤03 单击"快捷键"下方的文本框，用户可以在键盘上根据平时的截图习惯，按下要设置的快捷键组合，例如【Ctrl+A】，释放键盘，即可设置截图快捷键，如图7-23所示。

步骤04 单击×按钮，关闭"设置"面板，按下刚刚设置的快捷键，拖曳鼠标进行截图，如图7-24所示。

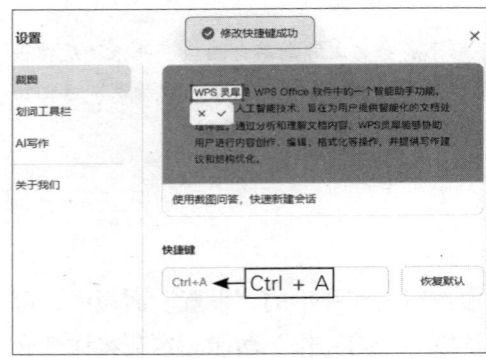

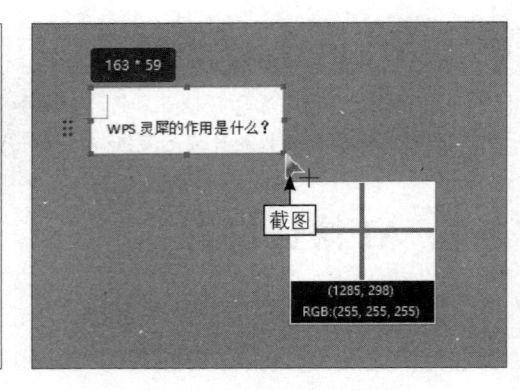

图 7-23 设置快捷键　　　　　　　图 7-24 拖曳鼠标进行截图

步骤05 释放鼠标左键，即可截取所选区域，单击✓按钮，如图7-25所示，即截图成功。

步骤06 在WPS灵犀新建的会话输入框中，会显示截图，单击截图右侧的"总结图片信息"按钮，如图7-26所示。

步骤07 执行操作后，AI即可总结图片信息，回复内容如下。

172

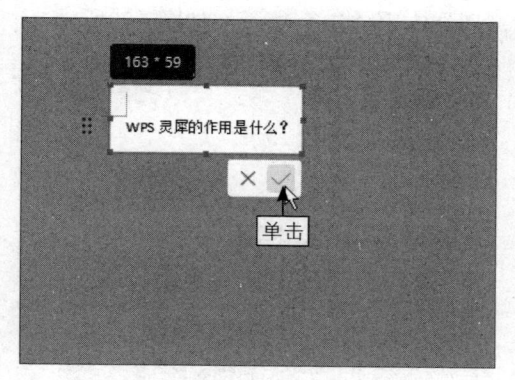

第7章　智能生成篇——WPS灵犀助手

图 7-25　单击相应按钮

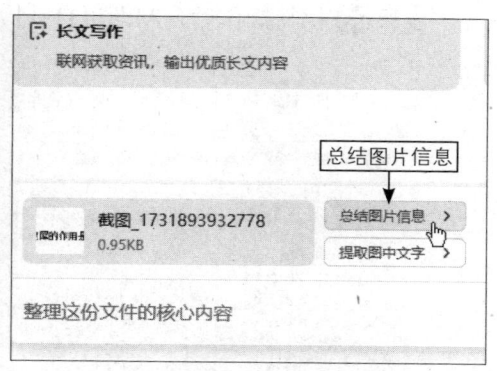

图 7-26　单击"总结图片信息"按钮

WPS 灵犀

根据提供的文件内容，图片中的文字提出了一个问题："WPS 灵犀的作用是什么？"图片使用了不同的颜色和字体样式来强调这个问题。所以，总结图片信息是：图片通过一个问句形式，询问了WPS灵犀的功能或用途。请注意，这个描述是基于您提供的截图内容的解释，而不是对WPS灵犀实际功能的描述。如果您希望了解WPS灵犀的具体作用和功能，我可以为您提供相关信息。

7.3.2　划词工具栏：快速调出选中文本

WPS灵犀为用户提供了"划词工具栏"功能，开启该功能后，当用户选中文本时，将显示AI划词工具栏，显示"AI搜索""翻译""复制""收藏"等功能，具体操作如下。

步骤01 打开"设置"面板，进入"划词工具栏"选项卡，其中介绍了"划词工具栏"功能的使用方法和作用等，启动功能开关，如图7-27所示。

步骤02 打开任意一个软件（例如，打开微信对话窗口），❶选中相应的文本，即可弹出AI划词工具栏，用户可以根据需要使用AI划词工具栏中的功能；例如，❷单击"翻译"按钮，如图7-28所示。

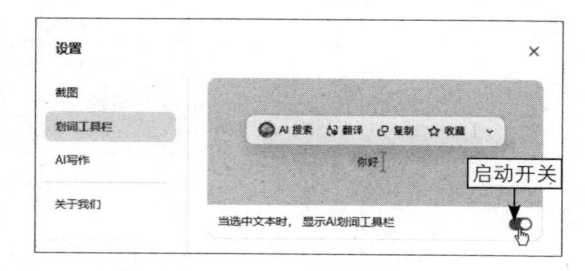

图 7-27　启动功能开关

173

步骤 03 执行操作后，AI即可自动检测划词内容并进行翻译，如图7-29所示。

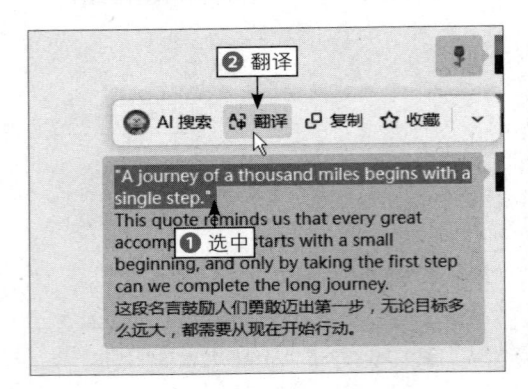

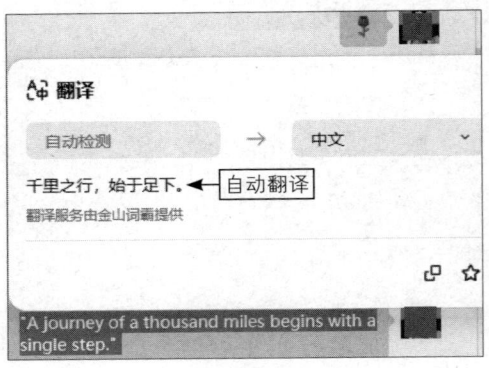

图 7-28　单击"翻译"按钮　　　　图 7-29　AI 自动检测划词内容并进行翻译

7.3.3　AI写作：在记事本中创作

WPS灵犀为用户提供了"AI写作"功能，开启该功能后，当用户在记事本或Microsoft Word中编辑文本时，可以单击WPS灵犀按钮，在弹出的面板中输入要撰写的主题或选择相应的模板，让AI进行写作，待AI创作完成后，即可将AI创作的内容插入到记事本或Microsoft Word中。下面以记事本为例，介绍具体的操作方法。

扫码看教学视频

步骤 01 打开"设置"面板，进入"AI写作"选项卡，其中介绍了"AI写作"功能的使用方法和作用等，❶ 启动功能开关；❷ 选中"记事本"和 Microsoft Word 右侧的复选框，如图 7-30 所示，表示可以在这两个软件中使用"AI创作"功能。

图 7-30　选中相应的复选框

174

第7章　智能生成篇——WPS灵犀助手

步骤 02　打开一个记事本，单击 ● 按钮，如图7-31所示。

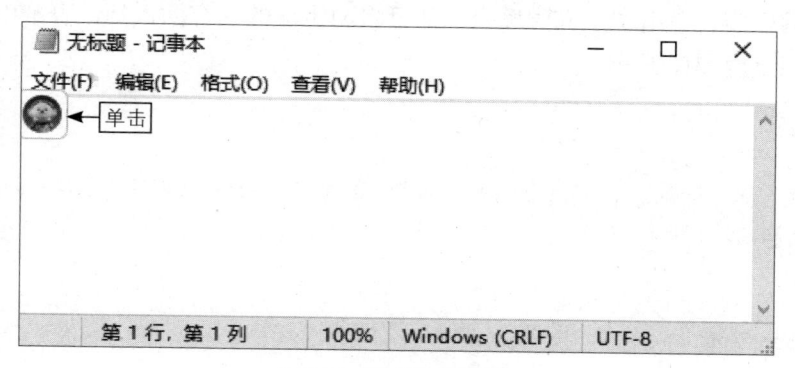

图7-31　单击相应的按钮

步骤 03　弹出列表框，选择"帮我写作"选项，如图7-32所示。

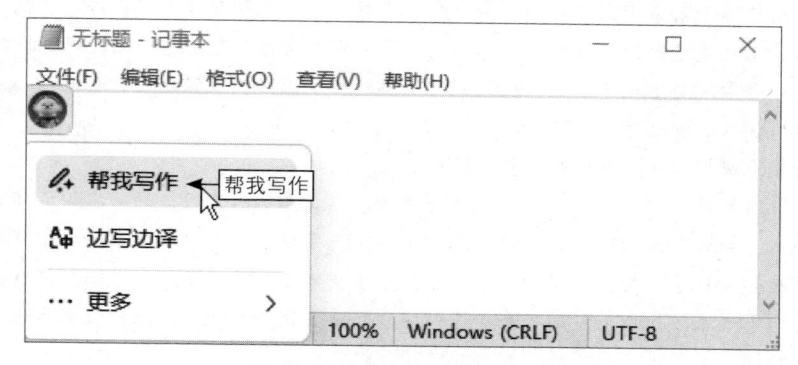

图7-32　选择"帮我写作"选项

步骤 04　弹出相应的面板，其中显示了输入框和创作模板，如图7-33所示。

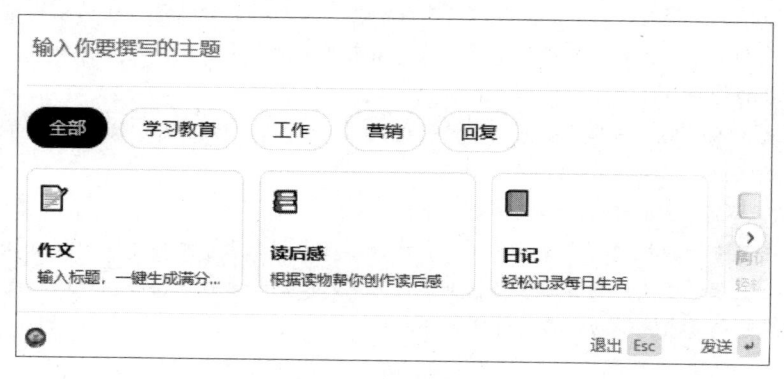

图7-33　弹出相应的面板

175

步骤05 在输入框中输入需要AI创作的内容，按【Enter】键发送，AI即可生成相应的内容，单击"插入"按钮，即可将AI生成的内容插入到记事本中，相关指令及回复内容如下。

提问

创作一篇关于新上市智能手机的营销文案，强调其高性能处理器和摄像头的创新功能，适合科技爱好者。

WPS 灵犀

【探索未来，尽在掌中——全新××智能手机】
引领科技新纪元——高性能处理器
准备好迎接前所未有的速度与效率了吗？全新××智能手机搭载了最新一代的高性能处理器，采用先进的纳米技术，为您的设备带来澎湃动力。无论是畅玩最新型的3D游戏，还是多任务同时运行不卡顿，这款处理器都能轻松应对，确保您的体验流畅如丝。一次启动，快人一步；持久使用，激情不减。
创新摄像头技术——摄影爱好者的利器
全新××智能手机的摄像头系统，是专为追求卓越画质的您设计的。采用最新的多摄像头技术，结合人工智能优化算法，无论是日间还是夜间，都能捕捉到清晰细腻的图像。超广角镜头让您捕捉更广阔的视野，而微距镜头则让细节之美无所遁形。不仅如此，我们还为您带来了前所未见的创新功能——"时光回溯"，让您可以捕捉那些稍纵即逝的精彩瞬间，重温美好时光。
专为科技爱好者打造
作为科技爱好者，您追求的不仅仅是领先的技术，更是一种对未来的期待。全新××智能手机不只是通信工具，更是您探索科技边界，体验创新的伙伴。我们深知您对设备性能的苛刻要求，因此，在设计上也融入了未来感十足的元素，让您拿在手中，就能感受到科技的魅力与力量。
现在就加入我们，一起体验未来科技的魅力。全新××智能手机，让您的世界因科技而精彩无限！
#探索未来#高性能#创新摄影#科技爱好者的选择
这是一篇专为科技爱好者设计的营销文案，旨在展现新上市智能手机的高端性能和创新功能。它强调了产品的核心优势，并通过激动人心的语言激发潜在用户的兴趣。希望它能满足您的需求，帮助产品吸引目标客户群。

本章小结

本章主要介绍了WPS灵犀助手的相关功能,首先介绍了WPS灵犀的主要功能,包括"AI搜索""读文档""生成PPT""长文写作""网页摘要"等。然后详细介绍了通过不同的AI场景模板进行快速创作的方法,例如生成学生评语、生成群发公告、生成职位描述等。最后,介绍了AI快捷设置的方法,包括截图问答、划词工具栏及AI写作等。这些功能不仅提高了工作效率,也为用户在不同场景下的应用提供了极大的便利。

课后实训

鉴于本章知识的重要性,为了帮助读者更好地掌握所学知识,本节将通过课后实训,帮助读者进行简单的知识回顾和补充。

扫码看教学视频

实训任务:在"WPS灵犀"界面,以与AI直接对话的方式,让WPS灵犀助手生成一篇关于环保主题的非营利组织筹款文案,相关指令及回复内容如下。

提问

创作一篇关于环保主题的非营利组织筹款文案,强调减少塑料污染的重要性,呼吁公众参与。

WPS 灵犀

标题:携手行动,守护蓝色星球——共同对抗塑料污染

正文:

尊敬的环保倡导者们,

地球,这颗蔚蓝色的星球,自古以来孕育了无数生命,见证了人类文明的辉煌。但今天,我们不得不面对一个紧迫的挑战——塑料污染。随着塑料制品的广泛使用,我们的海洋、河流、街道甚至空气中都充斥着无法自然分解的塑料残渣。海洋生物因误食塑料而丧生,生态系统遭到破坏,人类健康也面临巨大威胁。

我们是一个致力于环境保护的非营利组织,深知个人力量虽小,但众志成城,定能改变现状。今天,我们诚挚地向您发出呼吁:加入我们,为减少塑料污染贡献一份力量!

【我们的使命】我们致力于教育、倡导并实施有效的环保策略,以减少塑料的使用、增加塑料的回收利用,保护我们的自然环境免受塑料污染。

【我们的行动计划】1.提升公众意识：通过线上线下活动，教育大众了解塑料污染的严重性及其对生态和健康的长期影响。2.政策倡导：与政府机构合作，推动更为严格的塑料制品管理政策。3.环保项目推广：支持并参与社区清洁行动，推广使用环保替代品，如可重复使用的袋子和水瓶。4.支持科研：资助对生物降解材料和塑料循环利用技术的研究项目。

【您的参与】1.捐赠支持：您的每一份捐款都将用于支持我们的环保项目和活动。2.志愿服务：加入我们的志愿者行列，一起参与清理行动和环保教育活动。3.日常生活改变：从小事做起，减少一次性塑料的使用，倡导更加环保的生活方式。

【结语】我们坚信，通过我们的共同努力，可以大幅度减少塑料对地球的伤害。让我们携手行动，用实际行动守护我们共同的蓝色家园。您的每一次支持，都是对地球的爱护，都是对未来世代的承诺。

为感激您的慷慨与参与，我们将在网站上公开捐赠者名单，并提供免税发票。同时，您的参与将使您成为我们环保运动的一部分，一同见证我们的行动带来的积极变化。

现在就加入我们吧！一起迈向更绿色、更清洁、更可持续的未来。

[组织名称][联系方式][捐赠方式]
#守护地球#无塑生活#环保行动#蓝色星球

第 8 章
移动办公篇——AI 手机助手

> **本章要点**
>
> 在快节奏的现代生活中,移动办公已成为常态。WPS Office App作为一款功能强大的移动办公软件,其内置的AI技术为用户提供了便捷的写作、编辑、阅读和演示制作工具。本章将详细介绍在WPS Office App中,WPS AI如何帮助用户轻松完成办公任务。

WPS AI智能办公应用技巧大全

8.1 AI帮我写

在移动办公中，撰写文档是一项基本需求。在WPS Office App中，提供了和电脑版一样的"AI帮我写"功能，可以帮助用户快速生成和优化文档内容。本节将向大家介绍在WPS Office App中，利用"AI帮我写"功能进行创作的方法。

8.1.1 AI智能创建：生成创意广告语

一句吸引人的创意广告语，往往能够决定品牌信息传播的成败。在WPS Office App中，用户可以通过"智能创建"入口，直接唤起WPS AI，让AI生成富有创意和感染力的广告语，提升广告效果，具体操作如下。

扫码看教学视频

步骤01 在WPS Office App的"首页"界面中，点击 + 按钮，如图8-1所示。

步骤02 弹出相应的面板，在"新建"选项区中点击"文字"按钮，如图8-2所示。

步骤03 进入相应的界面，点击"智能创建"按钮，如图8-3所示。

图 8-1 点击 + 按钮　　图 8-2 点击"文字"按钮　　图 8-3 点击"智能创建"按钮

步骤04 新建一个空白文档，唤起WPS AI，弹出"AI帮我写"列表框，如图8-4所示。

步骤05 ❶输入"创意广告语"；❷在上方弹出的列表框中选择"创意广告

第8章 移动办公篇——AI手机助手

语"选项，如图8-5所示。

步骤06 执行上述操作后，即可在输入框中显示"创意广告语"指令模板，如图8-6所示。

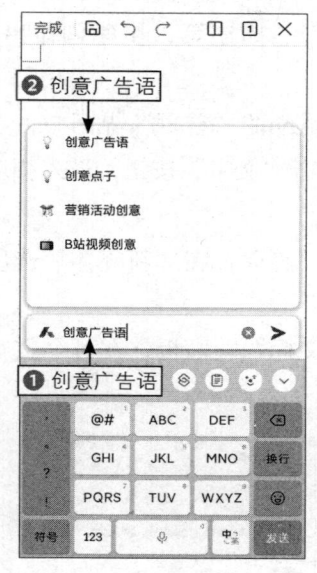

图8-4 弹出"AI帮我写"列表框　图8-5 选择"创意广告语"选项　图8-6 显示指令模板

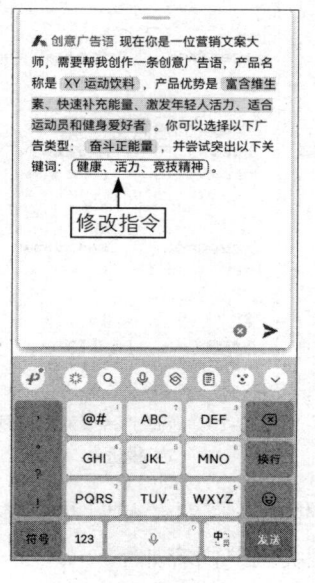

步骤07 用户可根据需要修改指令，如图8-7所示。

步骤08 点击 ▶ 按钮，即可得到WPS AI生成的创意广告语，点击右下角的"插入"按钮，如图8-8所示，即可将AI生成的内容插入至空白文档中。点击"完成"按钮，即可完成操作。

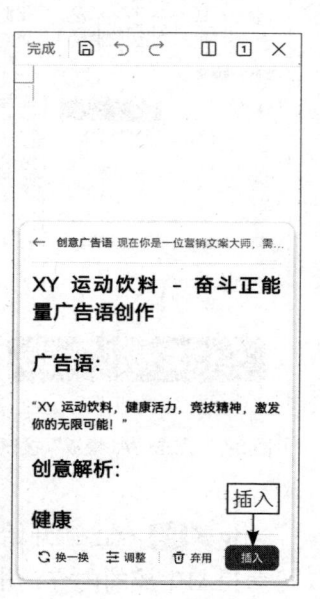

图8-7 修改指令　图8-8 点击"插入"按钮

181

8.1.2　AI模板：写爆款文标题

标题是吸引读者的关键。在WPS Office App中，用户可以使用"AI模板"中的"写爆款文标题"模板，让AI根据用户提供的发布平台、频道分类、卖点及产品描述等，快速创作出吸引人的标题，具体操作如下。

步骤01 在WPS Office App的"首页"界面中，点击⊕按钮，弹出相应的面板，在"新建"选项区中点击"文字"按钮，进入相应的界面，点击"AI模板"按钮，如图8-9所示。

步骤02 进入"AI模板"界面，在"新媒体"选项卡中，选择"写爆款文标题"模板，如图8-10所示。

步骤03 弹出"写爆款文标题"面板，在各个文本框中输入相应的内容，效果如图8-11所示。

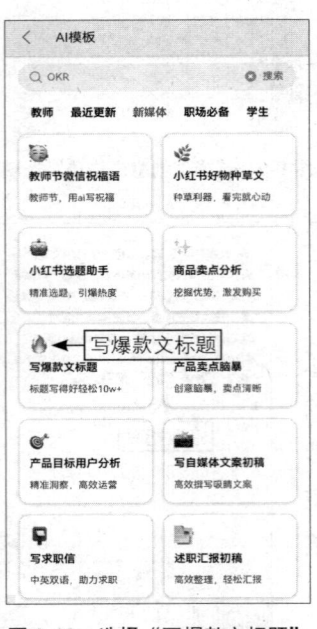

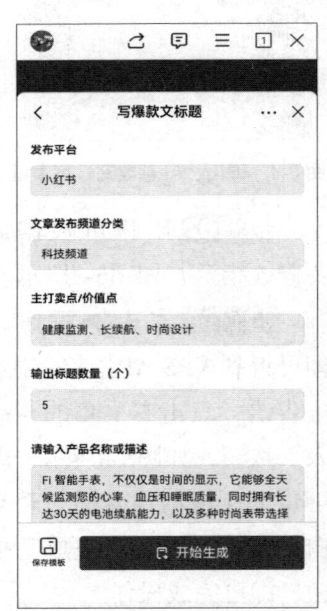

图8-9　点击"AI模板"按钮　　图8-10　选择"写爆款文标题"模板　　图8-11　输入相应的内容

步骤04 点击"开始生成"按钮，AI即可生成标题。点击"完成"按钮，即可获得AI生成的内容，相关回复内容如下。

WPS AI

当然，以下是按照小红书高浏览、高传播的爆款文章风格，为您的Fi智能手表所取的5个标题，每个标题均不超过20个字。

1. Fi智能手表：健康守护30天无忧

理由：直接突出健康监测和长续航两大卖点，简洁明了。

2. 全天候心率监测，Fi表让你更懂自己

理由：强调全天候心率监测功能，吸引关注健康的用户。

3. 续航王者Fi智能手表，时尚、健康两不误

理由：将长续航和时尚设计结合，满足用户的多重需求。

4. 睡眠质量的秘密，Fi智能手表全记录

理由：聚焦睡眠质量监测，吸引关心睡眠质量的读者。

5. Fi智能手表：血压心率一手掌握

理由：简洁而直接地传达了血压和心率监测的核心功能。

这些标题都力求在简短的文字中传达出Fi智能手表的核心卖点，同时符合小红书用户偏好的风格，有助于吸引更多关注。希望这些建议对您有所帮助！

8.1.3 AI续写：延续文章脉络

WPS AI的"续写"功能能够帮助用户在创作中断或需要扩展内容时，智能地延续文章的脉络，确保文章的流畅性和完整性，具体操作如下。

步骤01 在"首页"界面中，选择一个文档，如图8-12所示。

步骤02 执行操作后，即可打开所选文档，这里需要AI续写文章内容，在右下角点击WPS AI按钮，如图8-13所示。

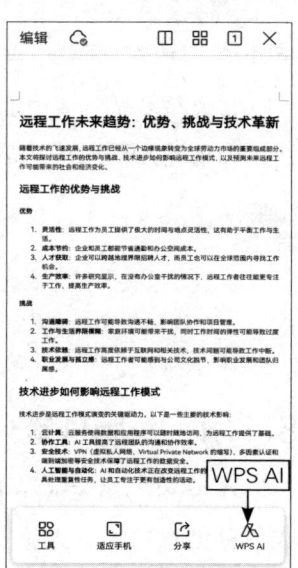

图 8-12 选择一个文档　　图 8-13 点击 WPS AI 按钮

步骤03 弹出"AI写作助手"面板,选择"AI帮我写"选项,如图8-14所示。

步骤04 弹出"AI帮我写"面板,选择"续写"选项,如图8-15所示。

步骤05 弹出"续写要求"面板,设置"篇幅"为"约100字"、"更多"为"详细论述",如图8-16所示。

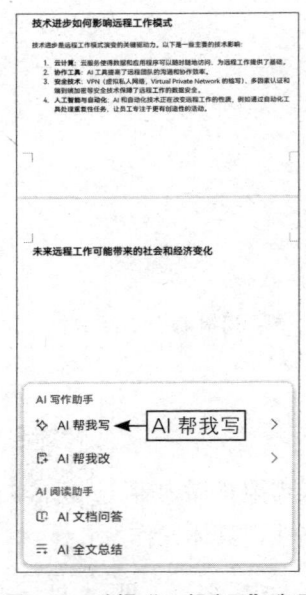

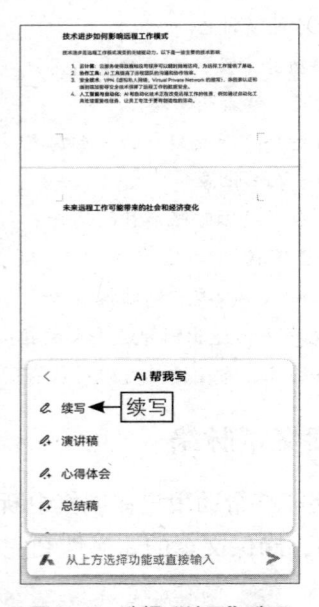

图8-14 选择"AI帮我写"选项　　图8-15 选择"续写"选项　　图8-16 设置续写要求

步骤06 点击"续写"按钮,AI即可根据要求续写内容,点击"保留"按钮,即可将AI续写的内容插入到文档中,续写内容如下。

WPS AI

例如,远程工作可能促进城市规划的变革,减少对中心商务区的依赖,同时推动郊区和乡村地区的经济发展。此外,随着远程工作的普及,可能会出现新的职业培训和教育课程,以满足不断变化的市场需求。

8.1.4　头脑风暴:生成创意想法

在WPS Office App中,用户可以使用"头脑风暴"功能,让AI生成各种创意想法,无论是活动策划还是广告创意,AI都能提供丰富的灵感,具体操作如下。

扫码看教学视频

第8章　移动办公篇——AI手机助手

步骤01 在WPS Office App中，新建一个空白文档，点击"唤起WPS AI"按钮，如图8-17所示。

步骤02 弹出"AI帮我写"列表框，下滑列表，选择"头脑风暴"选项，如图8-18所示。

步骤03 进入"头脑风暴"模式，输入主题"团圆饭大挑战"，如图8-19所示。

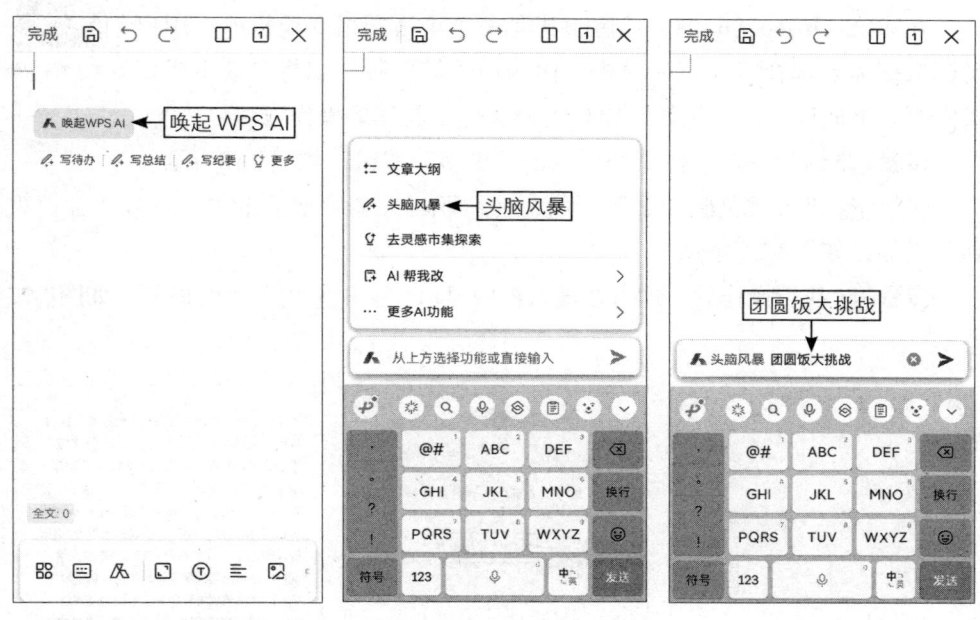

图 8-17　点击"唤起 WPS AI"按钮　　图 8-18　选择"头脑风暴"选项　　图 8-19　输入主题

步骤04 点击➤按钮，AI即可根据主题进行头脑风暴，生成更多创意想法，生成内容如下。

WPS AI

团圆饭大挑战头脑风暴
1. 主题菜系：确定每轮挑战的主题菜系，如川菜、粤菜等，增强挑战的多样性。
2. 限时烹饪：设定每轮挑战的烹饪时间，增强紧张感和观赏性。
3. 食材盲盒：提供随机食材盲盒，选手需根据盲盒内容制作菜品，考验应变能力。
4. 创意评分：评委根据菜品的创意、味道、摆盘等方面进行综合评分。
5. 互动环节：观众可参与投票，选出最受欢迎的菜品，增强互动性。

185

6. 家庭合作：鼓励家庭成员共同参与挑战，增强家庭凝聚力。
7. 难度升级：随着挑战的进行，逐步增加难度，如限定烹饪工具或调料。
8. 文化分享：在挑战中融入各菜系文化背景分享，增加知识性和趣味性。
9. 神秘嘉宾：邀请知名厨师作为神秘嘉宾，提供指导和点评，提升挑战水平。
10. 公益捐赠：将部分奖金捐赠给慈善机构，传递正能量。

8.1.5 灵感市集：生成会议策划

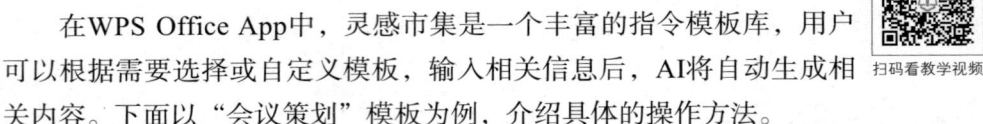

在WPS Office App中，灵感市集是一个丰富的指令模板库，用户可以根据需要选择或自定义模板，输入相关信息后，AI将自动生成相关内容。下面以"会议策划"模板为例，介绍具体的操作方法。

步骤01 新建一个空白文档，点击"更多"按钮，如图8-20所示。

步骤02 进入"灵感市集"界面，在"职场办公"选项卡中，选择"会议策划"模板，如图8-21所示。

步骤03 执行操作后，即可在输入框中显示"会议策划"指令模板，如图8-22所示。

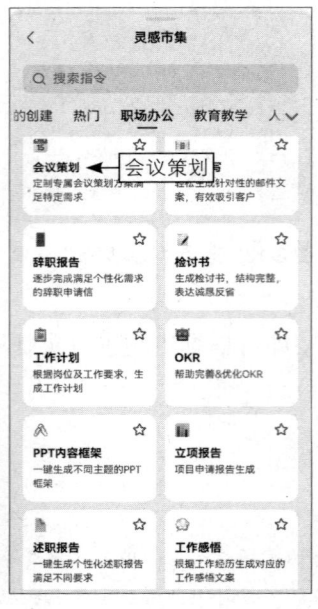

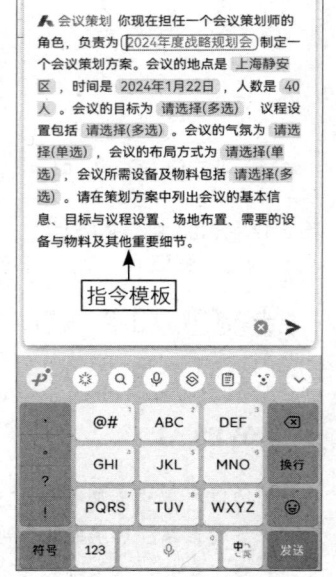

图 8-20 点击"更多"按钮　　图 8-21 选择"会议策划"模板　　图 8-22 显示指令模板

步骤04 修改模板中的指令内容，点击 ▶ 按钮，AI即可根据指令生成会议策划，点击"插入"按钮，即可获得AI生成的内容，相关指令及回复内容如下。

提问

你现在担任一个会议策划师的角色，负责为[年度销售会议]制订一个会议策划方案。会议的地点是[公司5楼会议室]，时间是[2024年12月31日上午9点至下午5点]，人数是[28人]。会议的目标为[业绩总结]，议程设置包括[分组讨论、圆桌会议]。会议的气氛为[正式、严谨]，会议的布局方式为[U形]，会议所需设备及物料包括[投影仪、音响设备、麦克风、便携式翻译设备、展示板、纸质资料等]。请在策划方案中列出会议的基本信息、目标与议程设置、场地布置、需要的设备与物料及其他重要细节。

WPS AI

年度销售会议策划方案
一、会议基本信息
・会议名称：年度销售会议
・会议时间：2024年12月31日上午9点至下午5点
・会议地点：公司5楼会议室
・参会人数：28人
二、目标与议程设置
目标
・业绩总结
议程设置
・09:00—09:30：开场致辞与会议目标介绍
・09:30—11:00：分组讨论（各小组汇报业绩，分享成功经验与遇到的问题）
・11:00—11:15：茶歇
・11:15—12:45：圆桌会议（讨论并制订解决方案，规划下一年度销售目标）
・12:45—14:00：午餐与休息
・14:00—15:30：继续圆桌会议（深入探讨，确定具体行动计划）
・15:30—15:45：茶歇
・15:45—16:30：会议总结与下一步行动计划汇报
・16:30—17:00：闭幕致辞与会议结束
三、场地布置
……

8.2 AI帮我改

文档的修改和优化是提高工作质量的关键步骤。在WPS Office App中，WPS AI提供了"AI帮我改"功能，可以帮助用户修改和优化文档内容，提升文档的专业度。本节将详细介绍"AI帮我改"功能的使用方法。

8.2.1 AI润色：优化语法结构

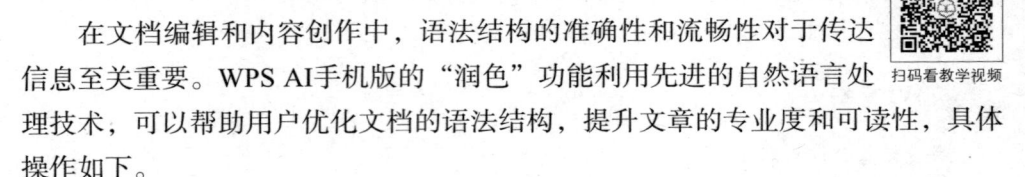

在文档编辑和内容创作中，语法结构的准确性和流畅性对于传达信息至关重要。WPS AI手机版的"润色"功能利用先进的自然语言处理技术，可以帮助用户优化文档的语法结构，提升文章的专业度和可读性，具体操作如下。

扫码看教学视频

步骤01 打开一个文档，在右下角点击WPS AI按钮，弹出"AI写作助手"面板，选择"AI帮我改"选项，如图8-23所示。

步骤02 弹出"AI帮我改"面板，选择"润色"选项，如图8-24所示。

步骤03 弹出"润色"面板，选择"更正式"选项，如图8-25所示。

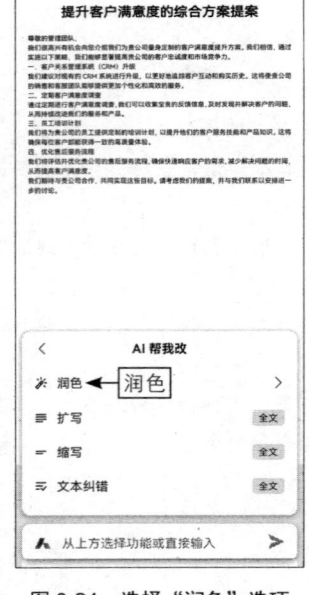

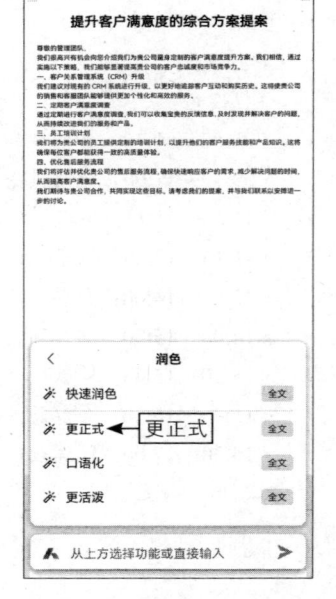

图 8-23 选择"AI 帮我改"选项　　图 8-24 选择"润色"选项　　图 8-25 选择"更正式"选项

步骤04 执行操作后，AI即可对全文进行润色，点击"插入"按钮，即可获得AI生成的更正式的内容，回复内容如下。

> **WPS AI**
>
> 关于提升客户满意度的综合方案提案
> 尊敬的管理团队，
> 我们深感荣幸能有机会向您呈递本提案，其中包含我们为贵公司量身定制的客户满意度提升方案。我们坚信，通过以下策略的实施，将能够显著增强贵公司的客户忠诚度及市场竞争力。
> 一、客户关系管理系统（CRM）升级
> 鉴于当前市场需求，我们建议对现行CRM系统进行升级，以便更精准地追踪客户互动与购买记录。此举将助力贵公司的销售及客服团队提供更加个性化和高效的服务。
> 二、定期开展客户满意度调查
> 为收集关键性的反馈信息，我们提议定期进行客户满意度调查。通过此举，我们能够及时发现并解决客户面临的问题，进而不断优化我们的服务与产品。
> 三、员工培训计划
> 我们计划为贵公司员工量身打造培训计划，旨在提升他们的客户服务技能及产品知识，这将确保每位客户均享受到一致的高品质服务体验。
> 四、优化售后服务流程
> 我们将对贵公司的售后服务流程进行评估，并在此基础上进行优化，确保能够迅速响应客户需求，缩短问题解决时间，从而提升客户满意度。
> 我们翘首以盼与贵公司携手合作，共同达成这些目标。敬请审阅本提案，并期待与您进一步沟通讨论。
> 敬请考虑。

8.2.2 AI扩写：增加文章深度

文章的深度和丰富性对于吸引读者和传达复杂的思想至关重要。WPS AI的"扩写"功能，可以帮助用户扩展文章的内容，增加信息的深度和广度，使文章更加完整和有说服力，具体操作如下。

扫码看教学视频

步骤01 打开一个文档，在右下角点击WPS AI按钮，弹出"AI写作助手"面板，选择"AI帮我改"选项，即可弹出"AI帮我改"面板，选择"扩写"选项，如图8-26所示。

步骤02 执行操作后，AI即可对全文内容进行扩写，点击"插入"按钮，即可获得AI扩写的内容，回复内容如下。

WPS AI

人工智能在教育领域的应用

1.个性化学习：通过分析学生的学习数据和习惯，AI可以为学生提供个性化的学习计划和资源。例如，AI系统能够追踪学生在不同学科的进步速度，识别出他们的强项和弱项，并据此推荐定制化的学习材料。比如，对于数学成绩较差的学生，系统可能会推荐额外的在线视频教程和练习题，而对于阅读理解能力较强的学生，则可能提供更高级的阅读材料和具有挑战性的问题，以保持他们的学习兴趣和动力。

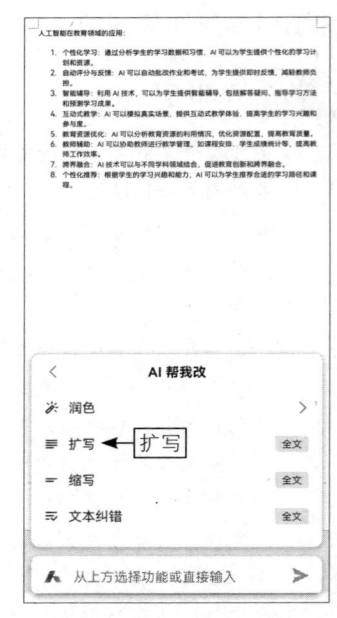

……

图 8-26　选择"扩写"选项

8.2.3　AI缩写：生成简洁的内容

在信息爆炸时代，简洁明了的内容往往更受欢迎，尤其是在需要快速传达核心信息的场景中。WPS AI的"缩写"功能，可以帮助用户从长篇大论中提炼出关键点，生成简洁、清晰的内容摘要，具体操作如下。

扫码看教学视频

步骤01 打开一个文档，在右下角点击WPS AI按钮，弹出"AI写作助手"面板，选择"AI帮我改"选项，即可弹出"AI帮我改"面板，选择"缩写"选项，如图8-27所示。

步骤02 执行操作后，AI即可对全文内容进行缩写，点击"插入"按钮，即可获得AI缩写的内容，回复内容如下。

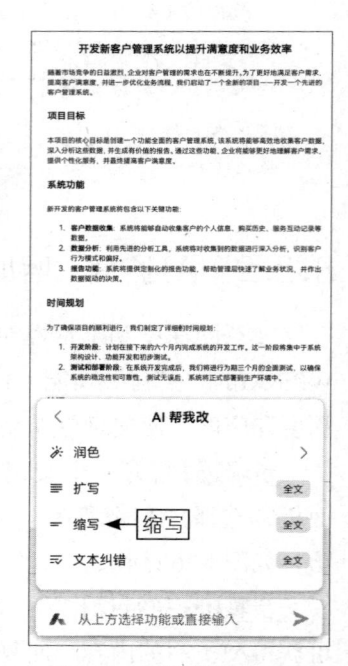

图 8-27　选择"缩写"选项

WPS AI

开发客户管理系统提升效率和满意度
市场竞争加剧，企业需提升客户管理水平。
新项目旨在开发功能全面的客户管理系统，提升服务的个性化和满意度。
项目目标
打造高效收集和分析客户数据系统，提供定制报告，优化决策。
系统功能
1.自动收集客户信息、历史和互动数据。
2.深入数据分析，识别客户行为。
3.定制报告，辅助管理决策。
时间规划
1.开发阶段：6个月，重点架构设计、功能开发和初步测试。
2.测试部署：3个月，全面测试后部署生产。
结语
新系统将提升客户满意度，优化业务流程，满足客户的需求。

8.2.4　AI文本纠错：自动检测错误

WPS AI的"文本纠错"功能能够自动检测并纠正文档中的拼写、语法和标点错误，提高文本的准确性和专业性。下面将通过一段文案来测试AI的"文本纠错"功能，文案中的错误包括"挑站"应为"挑战"、"可续持"应为"可持续"，具体操作如下。

步骤01 打开一个文档，在右下角点击WPS AI按钮，弹出"AI写作助手"面板，选择"AI帮我改"选项，即可弹出"AI帮我改"面板，选择"文本纠错"选项，如图8-28所示。

步骤02 执行操作后，AI即可对全文内容进行文本纠错，修改错误的内容，点击"插入"按钮，即可获得AI修改后的内容，修改后的内容如下。

图8-28　选择"文本纠错"选项

WPS AI

> 在这个飞速变化的时代，我们面临着前所未有的挑战。
> 从气候变化到技术革新，每一项都在考验我们的适应能力和创新精神。
> 我们需要找到解决这些问题的关键，而答案可能就隐藏在我们日常生活的点滴之中。
> 无论是减少碳足迹，还是开发可持续能源，每个人的选择和行动都能产生积极的影响。
> 让我们一起努力，为建设一个更加绿色和可持续的世界而奋斗。

8.3 AI 帮我读

在移动办公中，快速理解和吸收文档内容是提高效率的关键。在WPS AI手机版的"AI帮我读"模式中，为用户提供了"AI解释""AI翻译""AI总结"功能，可以帮助用户更好地阅读文档。本节将详细介绍这3大功能的使用方法。

8.3.1 AI解释：生成易懂的内容

在传递复杂的信息或专业知识时，将内容转化为易于理解的表达方式是非常重要的。WPS AI手机版的"AI解释"功能可以帮助用户将复杂的文本转换成简单、易懂的语言，使得信息更加平易近人，易于广泛传播，具体操作如下。

扫码看教学视频

步骤01 打开一个文档，点击左上角的"编辑"按钮，进入编辑模式，❶选择需要AI解释的文本段落，点击下方的 Ai 按钮，弹出相应的面板；❷选择"更多AI功能"选项，如图8-29所示。

步骤02 弹出"更多AI功能"面板，选择"AI解释"选项，如图8-30所示。

步骤03 执行操作后，AI即可对所选内容进行解释，AI解释的内容如下。

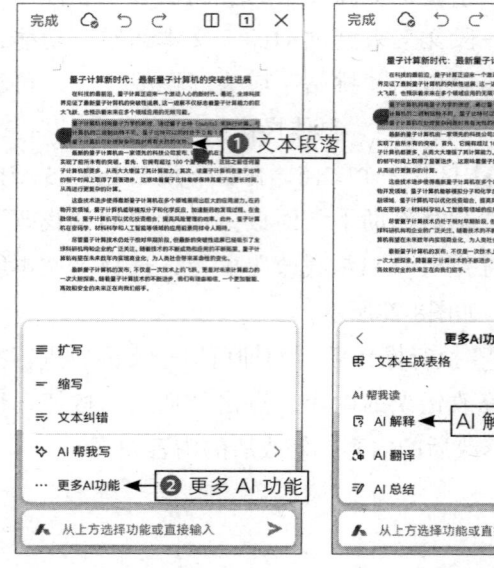

图 8-29 选择"更多 AI 功能"选项

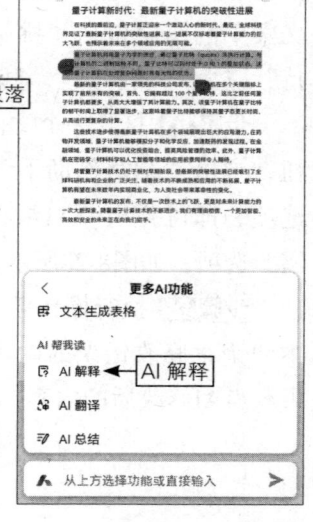

图 8-30 选择"AI 解释"选项

WPS AI

整体解析

量子计算机是一种利用量子力学原理进行计算的先进设备。它使用了一种特殊的计算单元，称为量子比特，或简称qubits。与传统计算机使用的二进制比特（只能表示0或1）不同，量子比特可以同时表示0和1的叠加状态，这种特性被称为量子叠加。因此，量子计算机在处理某些特定类型的问题时，比如大数分解、搜索问题等，比传统计算机更加高效和快速。

关联关键词解析

1. 量子力学：量子力学是研究物质世界中极小尺度（如原子和亚原子粒子）行为的物理学分支。它与经典物理学的定律有所不同，能够解释微观粒子的许多奇异现象。
2. 量子比特（qubits）：量子比特是量子计算机中的基本信息单位，与传统计算机的比特相似，但量子比特能够利用量子叠加原理同时表示多个状态。
3. 叠加状态：在量子力学中，叠加状态是指一个量子系统可以同时存在于多个可能的状态中，直到被测量时才"坍缩"到其中一个确定的状态。
4. 二进制比特：传统计算机使用二进制系统，其中的比特只能处于两种状态之一，即0或1。这是传统计算机处理信息的基础。
5. 复杂问题：这里指的是那些传统计算机处理起来非常缓慢或者几乎不可能解决的问题，量子计算机通过利用其独特的计算能力，有可能在合理的时间内解决这些问题。

8.3.2 AI翻译：多语言互译

WPS AI手机版的"AI翻译"功能为用户提供了高效、精准的文档翻译支持。无论是简短的句子，还是完整的文章，AI翻译都可以迅速将内容从一种语言转换为另一种语言，实现多语言互译，具体操作如下。

步骤01 打开一个文档，这里需要将文档内容翻译成英文，点击左上角的"编辑"按钮，如图8-31所示。

步骤02 执行操作后，即可切换为编辑模式，长按屏幕，弹出相应的面板，点击"全选"按钮，如图8-32所示。

步骤03 执行上述操作后，即可全选全文，在面板中点击"AI翻译"按钮，如图8-33所示。

步骤04 执行操作后，AI即可翻译所选内容，AI翻译的内容如下。

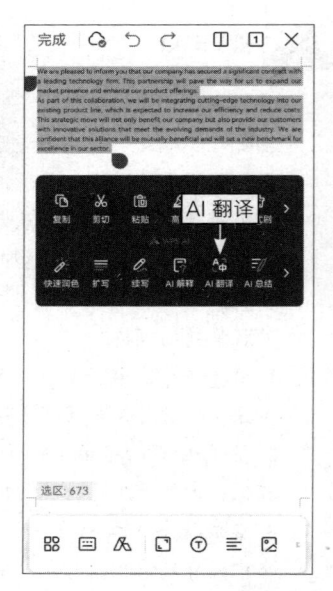

图 8-31 点击"编辑"按钮　　图 8-32 点击"全选"按钮　　图 8-33 点击"AI 翻译"按钮

WPS AI

我们很高兴地通知您,我们的公司已经与一家领先的科技公司签订了重大合同。这次合作将为我们扩大市场影响力和提升产品线铺平道路。

作为这次合作的一部分,我们将把尖端技术整合到我们现有的产品线中,这预计将提高我们的效率并降低成本。这一战略举措不仅惠及我们的公司,还将为我们的客户提供满足行业不断变化需求的创新解决方案。我们相信这次联盟将是互惠互利的,并将为我们的行业树立新的卓越标准。

8.3.3　AI总结:生成文章的摘要

在信息量巨大的今天,能够快速把握文章的核心要点对于提高阅读效率至关重要。WPS AI手机版的"AI总结"功能可以帮助用户从长篇的文章中提取关键信息,生成简洁、准确的摘要,具体操作如下。

扫码看教学视频

步骤01　打开一个文档,这里需要总结文档中的要点,点击左上角的"编辑"按钮,如图8-34所示。

步骤02　执行操作后,即可切换为编辑模式,长按屏幕,弹出相应的面板,点击"全选"按钮,如图8-35所示。

步骤03　执行上述操作后,即可全选全文,在面板中点击"AI总结"按钮,如图8-36所示。

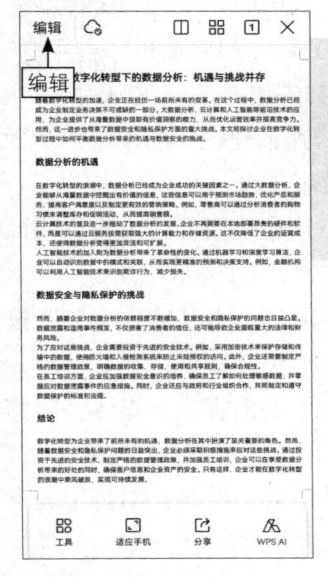

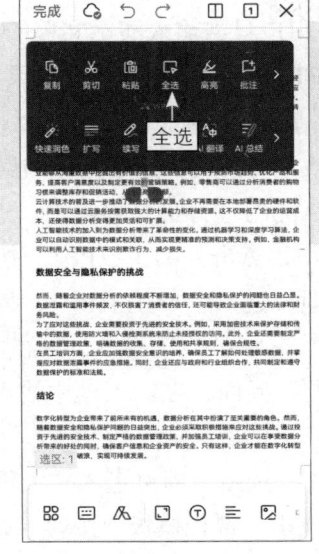

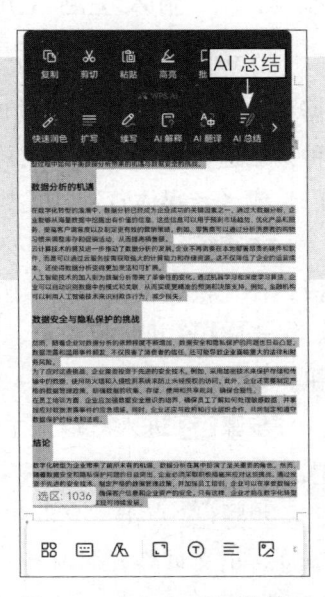

图8-34 点击"编辑"按钮　　图8-35 点击"全选"按钮　　图8-36 点击"AI总结"按钮

步骤 04 执行操作后，AI即可总结全文要点，AI总结的要点内容如下。

WPS AI

> 随着数字化转型的加速，数据分析成为企业决策的关键，提供了优化运营和提高竞争力的能力。大数据、云计算和人工智能技术的应用推动了数据分析的发展，但同时也带来了数据安全和隐私保护方面的挑战。企业需要投资安全技术，制定严格的数据管理政策，并加强员工培训，以确保数据安全。通过这些措施，企业能在享受数据分析带来的好处的同时，保护客户信息和企业资产，实现可持续发展。

8.4　AI生成PPT

在移动办公环境中，演示文稿的制作是一个不可或缺的环节，它不仅需要快速完成，还要保证专业性和吸引力。WPS Office App的"AI生成PPT"功能正是为了满足这一需求而设计的，它为用户提供了4种快速生成方式，用户可以通过输入主题、导入文档、空白大纲及从预设大纲来生成。

本节将向大家介绍这4种利用AI生成PPT的方法，每种方法都能帮助用户在短时间内创建出既专业又吸引人的演示文稿。

8.4.1 输入主题生成：新媒体营销的优势

在WPS Office App中，用户只需输入演示文稿的主题，AI就能根据该主题生成一个完整的PPT框架，包括封面、目录和主要章节。这种方法适合那些对演示文稿结构有明确想法，但需要快速搭建框架的用户。下面以生成《新媒体营销的优势》PPT为例，介绍具体的操作方法。

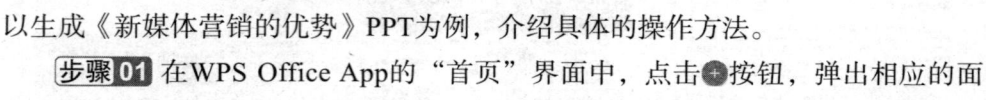

步骤01 在WPS Office App的"首页"界面中，点击➕按钮，弹出相应的面板，在"快速创作"选项区中，点击"AI生成PPT"按钮，如图8-37所示。

步骤02 执行操作后，即可进入"AI生成PPT"界面，点击"输入主题"按钮，如图8-38所示。

步骤03 进入"输入主题"界面，在输入框中输入主题内容"新媒体营销的优势"，如图8-39所示。

步骤04 点击"立即生成"按钮，即可进入"大纲编辑"界面，AI将生成章节页、正文页等大纲内容，点击"选择模板"按钮，如图8-40所示。

图8-37 点击"AI生成PPT"按钮 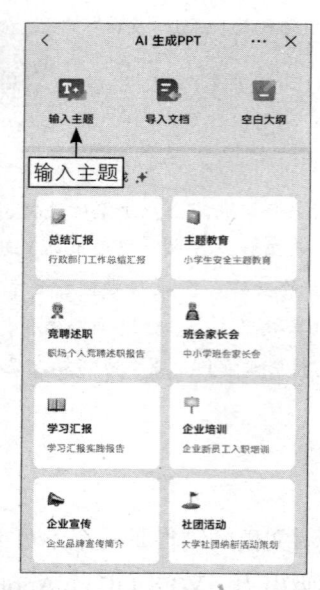　　图8-38 点击"输入主题"按钮 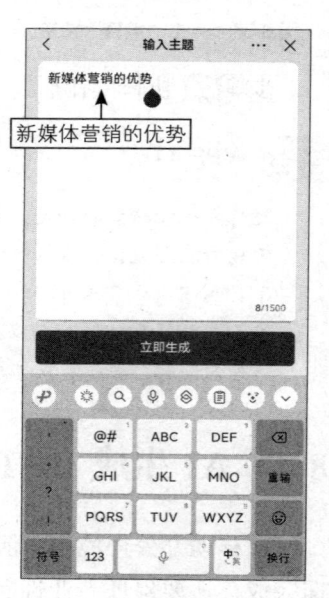　　图8-39 输入主题内容

步骤05 执行操作后，即可进入"选择模板"界面，选择一款合适的模板，如图8-41所示。

步骤06 点击"立即生成PPT"按钮，稍等片刻，AI即可生成完整的PPT，如图8-42所示。

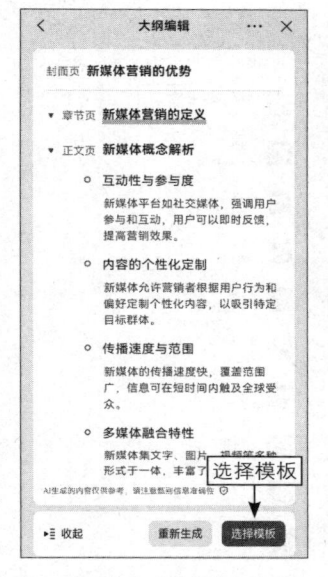

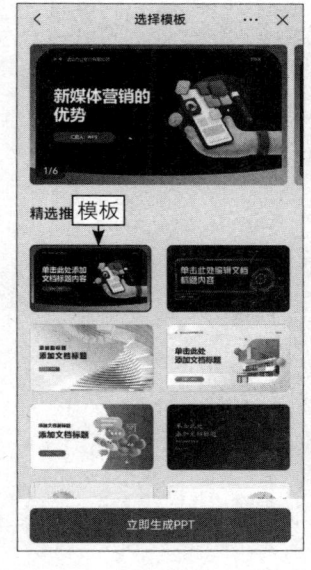

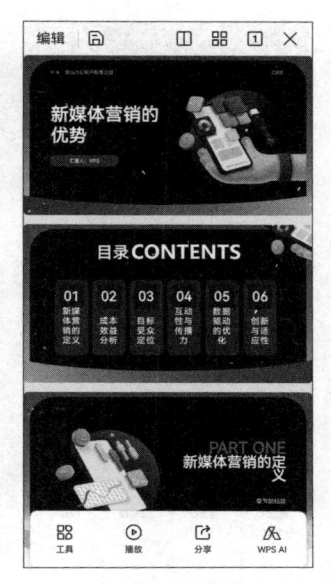

图 8-40　点击"选择模板"按钮　　图 8-41　选择一款合适的模板　　图 8-42　AI 生成完整的 PPT

8.4.2　导入文档生成：数据分析与决策支持

在 WPS Office App 中，使用"AI生成PPT"的"导入文档"功能，可以快速将已有的文档转换为专业的演示文稿。用户上传文档后，AI 会自动识别文档内容，并对文档内容进行优化，生成与原文档内容高度相关的PPT大纲。下面以生成《数据分析与决策支持》PPT为例，介绍具体的操作方法。

扫码看教学视频

步骤 01 在 WPS Office App 的"首页"界面中，点击 ➕ 按钮，弹出相应的面板，在"快速创作"选项区中，点击"AI生成PPT"按钮，如图8-43所示。

步骤 02 执行操作后，即可进入"AI生成PPT"界面，点击"导入文档"按钮，如图8-44所示。

步骤 03 进入"选择文档"界面，在"最近"选项卡中，选择一个文档，如图8-45所示。

步骤 04 进入"大纲编辑"界面，AI将根据文档内容，生成章节页、正文页等大纲内容，点击"选择模板"按钮，如图8-46所示。

步骤 05 执行操作后，即可进入"选择模板"界面，选择一款合适的模板，如图8-47所示。

197

图8-43 点击"AI生成PPT"按钮 　　图8-44 点击"导入文档"按钮 　　图8-45 选择一个文档

步骤06 点击"立即生成PPT"按钮，稍等片刻，AI即可生成完整的PPT，如图8-48所示。用户如果需要编辑生成的PPT内容，可以点击左上角的"编辑"按钮，编辑或修改PPT内容。

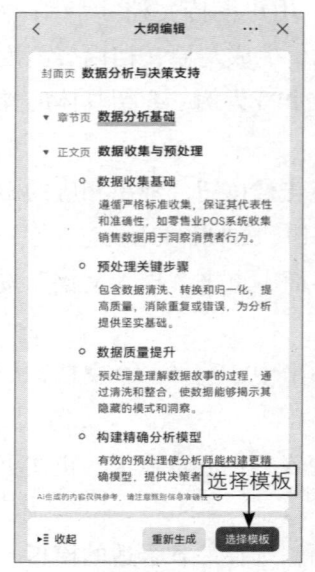

图8-46 点击"选择模板"按钮 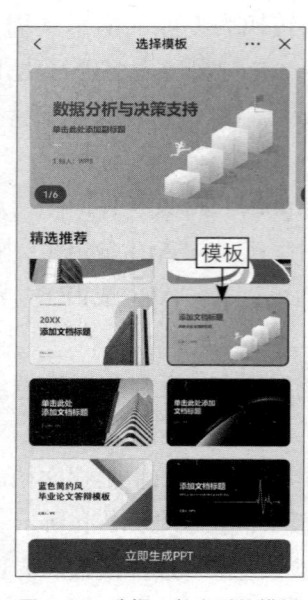　　图8-47 选择一款合适的模板 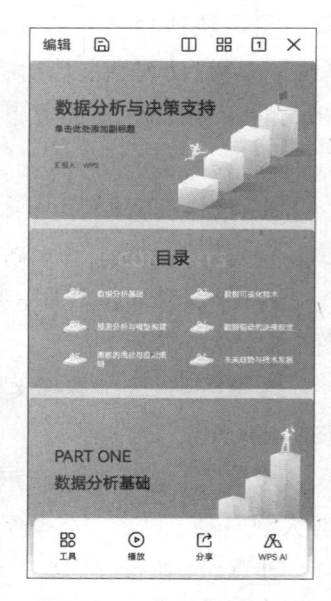　　图8-48 AI生成完整的PPT

8.4.3　空白大纲生成：智能家居与物联网技术

本节以生成《智能家居与物联网技术》PPT为例，介绍利用空白大纲生成PPT的具体操作方法。

步骤 01　在WPS Office App的"首页"界面中，点击 ➕ 按钮，弹出相应的面板，在"新建"选项区中，点击"演示"按钮，如图8-49所示。

步骤 02　进入相应的界面，点击"AI生成PPT"按钮，如图8-50所示。

步骤 03　执行操作后，即可进入"AI生成PPT"界面，点击"空白大纲"按钮，如图8-51所示。

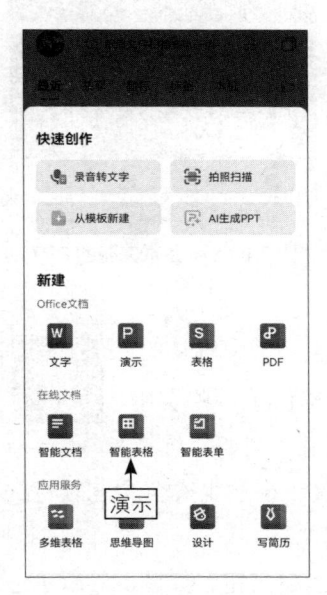

图 8-49　点击"演示"按钮　　图 8-50　点击"AI 生成 PPT"按钮　　图 8-51　点击"空白大纲"按钮

步骤 04　进入"大纲编辑"界面，用户可以在此界面中，输入封面页主题、章节页标题、正文页标题等大纲内容，如图8-52所示。

步骤 05　点击"选择模板"按钮，即可进入"选择模板"界面，选择一款合适的模板，如图8-53所示。

步骤 06　点击"立即生成PPT"按钮，稍等片刻，AI即可生成PPT，如图8-54所示。由于本案例仅作为操作演示，在编写大纲内容时，并没有输入正文页内容，因此AI生成的PPT幻灯片中只有标题内容，没有正文内容，用户可以在生成PPT后，根据需要输入更多内容，完善PPT，使其更加完整。

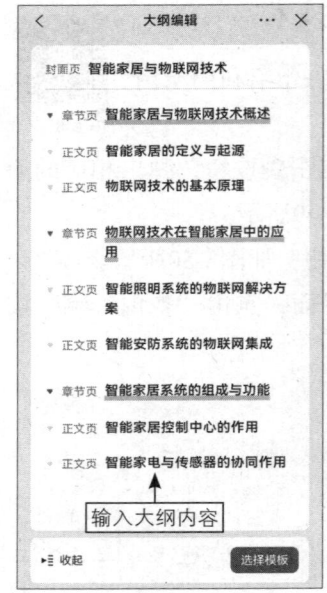

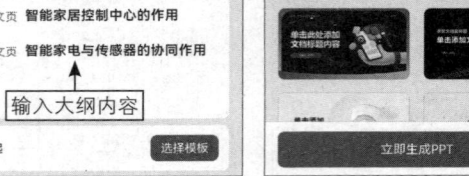

WPS AI智能办公应用技巧大全

图 8-52 输入大纲内容 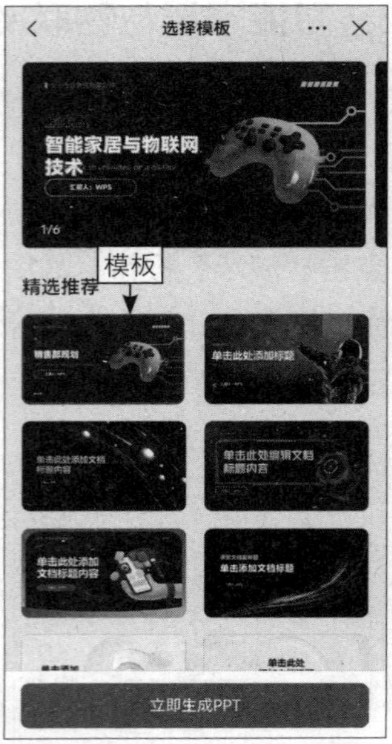　　图 8-53 选择一款合适的模板 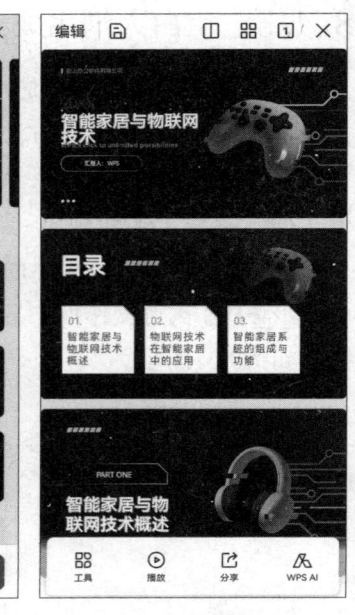　　图 8-54 AI 生成完整的 PPT

8.4.4　预设大纲生成：主题教育

在WPS Office App中，"AI生成PPT"功能为用户提供了一些实用的预设大纲模板，用户可以根据需要选择模板进行使用。例如，选择《主题教育》预设大纲模板，可以让AI快速创建一个关于小学生安全主题教育的PPT。下面向大家介绍从预设大纲生成PPT的操作方法。

扫码看教学视频

步骤01 在WPS Office App的"首页"界面中，点击 ⊕ 按钮，如图8-55所示。

步骤02 弹出相应面板，在"快速创作"选项区中，点击"AI生成PPT"按钮，如图8-56所示。

步骤03 进入"AI生成PPT"界面，在"预设大纲"选项卡中，选择"主题教育"模板，如图8-57所示。

步骤04 进入"大纲编辑"界面，AI将生成章节页、正文页等大纲内容，点击"选择模板"按钮，如图8-58所示。

步骤05 执行操作后，即可进入"选择模板"界面，选择一款合适的模板，如图8-59所示。

200

第8章 移动办公篇——AI手机助手

图 8-55 点击相应的按钮 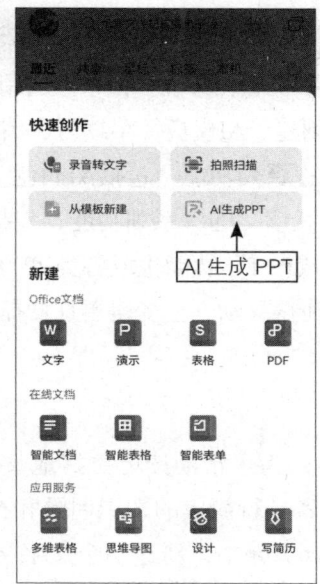　　图 8-56 点击"AI 生成 PPT"按钮 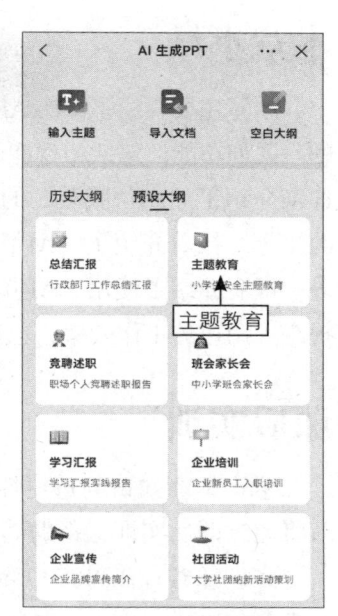　　图 8-57 选择"主题教育"模板

步骤 06 点击"立即生成PPT"按钮，稍等片刻，AI即可生成完整的PPT，如图8-60所示。

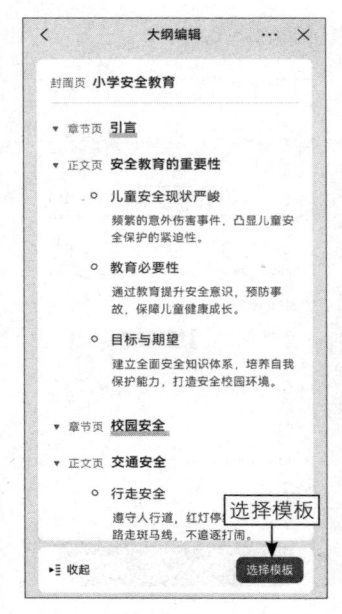

图 8-58 点击"选择模板"按钮 　　图 8-59 选择一款合适的模板 　　图 8-60 AI 生成完整的 PPT

201

本章小结

本章主要介绍了WPS AI手机版在移动办公中的应用，首先介绍了"AI帮我写"的一系列功能，包括AI智能创建、AI模板、AI续写、头脑风暴及灵感市集等。然后详细介绍了"AI帮我改"的一系列功能，包括AI润色、AI扩写、AI缩写和AI文本纠错等。接着介绍了"AI帮我读"的一系列功能，包括AI解释、AI翻译、AI总结等。最后介绍了使用"AI生成PPT"功能生成各类PPT的不同方式。这些功能不仅提高了用户的工作效率，也使得移动办公变得更加便捷和高效。

课后实训

鉴于本章知识的重要性，为了帮助读者更好地掌握所学知识，本节将通过课后实训，帮助读者进行简单的知识回顾和补充。

扫码看教学视频

实训任务：在WPS Office App中，新建一个文字文档，唤起WPS AI，通过输入指令，生成一篇关于时间管理的文章，具体操作如下。

步骤01 在WPS Office App的"首页"界面中，点击➕按钮，如图8-61所示。

步骤02 弹出相应的面板，在"新建"选项区中点击"文字"按钮，如图8-62所示。

步骤03 进入相应的界面，点击"智能创建"按钮，如图8-63所示。

图 8-61　点击➕按钮　　　图 8-62　点击"文字"按钮　　　图 8-63　点击"智能创建"按钮

步骤04 新建一个空白文档，唤起WPS AI，弹出"AI帮我写"列表框，在输入框中输入指令，点击➤按钮，让AI生成一篇关于时间管理的文章，相关指令及回复内容如下。

提问

生成一篇关于时间管理的文章。

WPS AI

高效时间管理：掌握生活与工作的艺术

在快节奏的现代生活中，时间如同珍贵的资源，一旦流逝便无法挽回。如何高效管理时间，成为许多人关注的焦点。时间管理不仅关乎个人的工作效率，更关系到生活质量、心态调整和未来的规划。本文将从认识时间管理的重要性、掌握时间管理的技巧及克服时间管理的障碍3个方面，探讨如何高效管理时间，从而掌握生活与工作的艺术。

一、认识时间管理的重要性

时间管理，简而言之，就是通过合理的规划和安排，使时间得到最有效的利用。良好的时间管理能够显著提升工作效率，减少不必要的拖延和浪费，帮助我们在有限的时间内完成更多的任务。同时，时间管理还能帮助我们更好地平衡工作与生活，减少因时间紧迫而产生的焦虑和压力，提升生活的幸福感。

二、掌握时间管理的技巧

1.设定明确的目标

目标是时间管理的核心。设定明确、可衡量的目标，有助于我们清晰地了解自己想要达到的结果，从而有针对性地分配时间。无论是长期目标还是短期目标，都应该具有可操作性和可达成性，以便我们能够根据实际情况进行调整和优化。

2.制订详细的计划

计划是实现目标的关键。制订详细的计划，包括具体的任务、时间节点和优先级，有助于我们更好地掌控时间。同时，计划还应该具有一定的灵活性，以便我们能够应对突发情况，调整时间分配。

3.采用时间管理工具

随着科技的发展，各种时间管理工具应运而生。利用这些工具，如日历、提醒事项、时间追踪软件等，可以帮助我们更直观地了解时间的使用情况，优化时间分配。

……